PANORAMA DA MATEMÁTICA

Um breviário para estudantes e curiosos em geral

Cacildo Marques

Copyright © 2024 Cacildo Marques - All rights reserved

Panorama da Matemática
(da edição em inglês Overview of Mathematics)

ISBN: **979-8320179544**

Cover: Art by the author

Episteme Ed

Marques, Cacildo
Panorama da Matemática: um breviário para estudantes e curiosos em geral / São Paulo, 2024.
126p.
    ISBN: **979-8320179544**

1. Matemática: Princípios Gerais. 2. Matemática. I. Título

CDD 511

PANORAMA DA MATEMÁTICA

Um breviário para estudantes e curiosos em geral

Cacildo Marques

ÍNDICE

	Prefácio	vii
Capítulo 1	Aritmética hoje	11
Capítulo 2	Geometria	26
Capítulo 3	Álgebra	39
Capítulo 4	Trigonometria e logaritmos: Pré-Cálculo	61
Capítulo 5	Análise Matemática	85
Capítulo 6	Matemática Aplicada	102
Capítulo 7	Ciência da Computação	105
Capítulo 8	Teoria da Informação	111
Capítulo 9	Lógica	112
Capítulo 10	Probabilidade e Estatística	116
	Respostas das revisões	124

Prefácio

Depois dos aprendizados do ensino básico, com suas equações polinomiais, suas fórmulas de volumes, seus números imaginários e seus desvios padrões, o que virá na continuação dos estudos matemáticos? Antes os alunos aprendiam, às vésperas de ingressar na universidade, as técnicas iniciais de limites, derivadas e integrais, o que lhes oferecia uma prévia do que seria aprendido na faculdade, pelo menos para os que optassem pelas Ciências Exatas e pelas Engenharias. Em meados da década de 1980, no entanto, por causa da atuação do professor Jaime Escalante na Califórnia, ensinando derivadas a alunos pobres, que, com tal conhecimento, conquistavam vagas valiosas nos cursos superiores, surgiu a pregação, por parte de acadêmicos mal-intencionados, de que não se deveria ensinar mais esses assuntos no Ensino Médio, porque, diziam eles, os professores não sabiam ensinar (faltou explicar porque saberiam ensinar os outros tópicos). O fato é que o tema saiu dos currículos.

Muita gente procura um livro sobre as várias faces da Matemática, mas que seja um manual sucinto, que forneça ao mesmo tempo uma visão geral sem deixar de fora nada de relevante. Um dos livros mais conhecidos nesse campo é *Whats is Mathematics*, de Richard Courant e Herbert robbins, elogiado por Einstein, mas é um volume caudaloso, quase cinco vezes maior que o presente manual. Do presente autor, um livro para leitura prévia poderia ser "Aritmofobia: como curar o horror da Matemática", que trata mais especificamente dos temas do nível fundamental.

Este presente livro destina-se ao leitor que deseja saber o que os matemáticos estudam em suas várias áreas de atuação, sem ter de gastar muitos dias de leitura. Ao fim de cada capítulo, uma seção de "revisão" apresenta, através de exercícios resolvidos e propostos, um pequeno apanhado dos assuntos lidos. Resolver esses exercícios não é obrigatório, mas é recomendável para adquirir confiança e domínio para ler os capítulos seguintes.

Sobre as questões de notação, não há nada fora do padrão da academia, mas o autor optou por utilizar, na maioria dos casos, como símbolo de multiplicação, em lugar de ".́" e "x", o caractere "*", usado na programação de computadores. Para facilitar a leitura linear, as frações são escritas não com um termo em cima e outro embaixo do traço, mas com o uso de barra de divisão, como em 3/5. Obviamente, se o leitor vai fazer contas no papel, o modo apropriado de escrever as frações é com numerador na linha de cima e denominador na linha de baixo.

Para o leitor que não é matemático, algumas passagens podem parecer complicadas, mas elas não devem ser motivo de interrupção da leitura. O que parece incompreensível numa linha, poucas linhas depois pode ficar claro. Sendo a Matemática a ciência mais simples, nenhuma barreira deveria interpor-se frente a quem tenta apreender seus meandros por meio de um livro de leitura. Não se deve iludir com a simplicidade, no entanto. É uma ciência que se iniciou com Tales de Mileto, tendo, portanto, a idade de 27 séculos, se não contarmos os séculos anteriores na Suméria e no Egito, quando ela era apenas uma técnica, não um objeto de investigação especulativa, como é o conhecimento epistemológico. As outras ciências básicas, abstraindo-se suas subdivisões, como são a Astronomia e a Física, constituíram-se como práticas laboratoriais um milênio, ou um milênio e meio, depois, sendo o caso da Química e da Biologia. A Psicologia tornou-se ciência laboratorial apenas no ano de 1879, com Wilhelm Wundt.

A maior quantidade, pois, de páginas escritas e de assuntos estudados está na Matemática, como resultado desses quase três milênios de dedicação de inúmeros cientistas.

Se o prezado leitor e a prezada leitora absorvem as linhas deste livro sem preconceito, ambos só têm a ganhar.

O autor, São Paulo, março de 2024.

PANORAMA DA MATEMÁTICA

1. ARITMÉTICA HOJE

Durante o Congresso Internacional de Matemática do ano de 1900, o acontecimento mais marcante deu-se quando David Hilbert, professor que viveu entre 1862 e 1943, apresentou um programa de 23 pontos, no qual estavam relacionados os estudos que, segundo ele, deveriam ser desenvolvidos pelos matemáticos do século XX. Um dos pontos desse programa, o segundo, propunha que se deveria estudar a veracidade ou, melhor, a consistência da Aritmética. O intervalo de tempo entre essa proposta e a sua efetivação foi de 31 anos. Pois em 1931, Kurt Gödel (1906-1978), matemático austríaco que fixou residência nos Estados Unidos, apresentou o trabalho conhecido como Teorema da Incompletude, no qual ficou demonstrada a impossibilidade de se decidir sobre a inconsistência ou não da Aritmética. Esse fato acarretou, como era de se esperar, um certo desestímulo na continuação pelos matemáticos do estudo da chamada área de fundamentos, que até então, e desde os últimos anos do século XIX, vinha sendo um dos campos a que os matemáticos mais se dedicavam.

(É importante frisar que o cotidiano do matemático profissional concentra-se na demonstração de teoremas.)

Todos são unânimes em reconhecer a importância de se desenvolverem estudos sobre os fundamentos da Matemática ao lado de trabalhos que, utilizando o conhecimento acumulado, prossigam no sentido das teorias mais avançadas. Já se disse, aliás, que a Matemática é uma ciência que se desenvolve em duas direções: a do estudo dos alicerces e a do aperfeiçoamento e avanço dos últimos pavimentos da construção. É inegável, porém, que a grande profusão de trabalhos na direção desses alicerces é encontrada exatamente naquele período mencionado acima, i.e., entre fins do século XIX e o ano de 1931.

A definição de número

Conta-se que o último cientista a dominar todas as áreas da Matemática foi Charles-Henri Poincaré ('Puancarrê'), que viveu entre 1854 e 1912. Isto, no entanto, não poderá servir de aval a quem queira compartimentalizar esta disciplina em secções isoladas, dado o indiscutível entrelaçamento existente entre suas diversas áreas, entrelaçamento este que não permite que se trabalhe num dos campos sem se utilizar fatos de outros. Assim é que, para se estabelecer a noção moderna de número, somos levados a introduzir outros conceitos, os quais, até determinada época não aparentavam relacionar-se.

Na "Introdução à Filosofia Matemática", Bertrand Russel escreveu que foi folheando uma obra de F. L. G. Frege ('Frêgue'), que viveu entre 1846 e 1925, escrita dezessete anos antes e que até então não havia chamado a atenção, folheando essa obra é que ele se deparou com o que veio a ser reconhecido como a primeira definição rigorosa de número. Na linguagem atual, essa definição afirma que um número natural é a propriedade comum a conjuntos entre os quais se pode estabelecer uma bijeção, ou correspondência biunívoca. A noção de conjunto está entre os chamados "conceitos primitivos", não sendo, portanto, passível de definição não recursiva. A ideia de bijeção, porém, pode e deve ser definida.

Para uma caracterização da ideia de conjunto são resumidos aqui os axiomas básicos da teoria. São eles: (c1) *axioma da extensão*: se dois conjuntos possuem os mesmos elementos, eles são iguais; (c2) *axioma do par*: dados dois elementos (conjuntos ou átomos) x e y, há um conjunto constituído apenas por x e y; (c3) *axioma da união*: dado o conjunto x, existe o conjunto união, Ux, formado pelos conjuntos que pertencem a pelo menos um dos conjuntos de x; (c4) *axioma do conjunto das partes*: existe o conjunto de todos os subconjuntos de x; (c5) *axioma da separação*: dada a propriedade p(x), existe, para cada

Panorama da Matemática

conjunto y, o conjunto de todos os elementos de y para os quais p(x) vale; (c6) *axioma da escolha*: o produto cartesiano de uma família não-vazia de conjuntos não-vazios é não-vazio; (c7) *axioma do infinito*: existe um conjunto infinito.

Antes de definir bijeção temos de falar das noções de *relação* e *função*. Chama-se relação de A em B a uma qualquer correspondência existente entre os elementos dos conjuntos A e B. Em particular, podemos ter B igual a A e, daí, temos uma relação entre os elementos do mesmo conjunto.

A outra noção necessária aqui, a de função, é hoje denotada preferencialmente com a letra f, mas foi representada pela primeira vez com a letra φ, por Leonhard Euler, que viveu entre 1707 e 1783.

Diz-se que uma relação de A em B é uma função de A em B se a cada elemento do conjunto A corresponde um único elemento do conjunto B.

Vejamos um exemplo. Chamemos de L o conjunto das letras do alfabeto latino e de G o conjunto das letras do alfabeto grego. Ligando o **a** ao α, o **b** ao β, e assim por diante, e tendo o cuidado de não ligar uma letra de L a duas letras de G, como por exemplo ligar o **t** ao θ e ao τ, pois cada elemento de L só pode ter um único elemento correspondente em G, então, a relação criada é uma função, desde que, é claro, tenhamos feito correspondência para todos os elementos de L, uma vez que ao dizer "cada elemento de L" estamos dizendo mesmo "todos os elementos de L". Como temos 26 elementos em L e 24 em G, alguns elementos de L vão se corresponder com elementos de G que já têm correspondente. Por exemplo, o **c** e o **k** devem corresponder-se com o κ (kapa). O outro caso são as letras **i** e **j**, que devem ligar-se ao ι (iota).

Ao contrário, se quisermos estabelecer uma função de G em L, mantendo estas mesmas correspondências, não o conseguiremos, pois dois elementos de G, o κ e o ι, estarão sendo associados ao mesmo tempo a mais de um elemento de L. A correspondência para esses elementos não é única e, desse modo, a relação estabelecida não é função. Se, porém, tomarmos um subconjunto X de L com 24 elementos, eliminando por exemplo o **j** e o **k**, então, poderemos estabelecer uma função f de G em X.

Ao estabelecermos uma função de um conjunto em outro, vamos querer saber, de fato, "qual é a função" de cada um dos elementos desse primeiro conjunto (conjunto de partida, ou domínio). Assim, é exigido que não sobrem elementos nesse conjunto. A outra exigência implícita na definição, a de que para cada elemento existe um único correspondente, será discutida adiante, no momento conveniente.

Não estamos esquecendo o fato de que dois ou mais elementos do conjunto de partida podem estar ligados a um mesmo elemento do outro conjunto, conjunto que é, obviamente, correspondente único para cada um dos elementos do primeiro conjunto. É o caso dos elementos **c** e **k** acima, que estão ligados ao k.

Tomemos outro exemplo, mais usual. Nosso conjunto de partida agora é a sequência dos doze meses de um dado ano, denotados pelo subconjunto dos números naturais de 1 a 12. O conjunto de chegada (contradomínio) são os números racionais. Um determinado instituto de pesquisa é encarregado de calcular e divulgar mensalmente o índice de preços do mercado, que representa a variação de cada mês relativamente ao mês anterior, por exemplo, 0,23 (ou 23%); 1,05; -0,15; e assim por diante. Cada mês, de 1 a 12, terá seu índice, porque o mercado necessita dessa informação. E haverá confusão na praça se para um mês qualquer o instituto divulgar dois índices. Assim, para que a relação entre os meses e os índices de preço seja uma função é necessário que todo mês tenha índice (exigência do "cada") e que o índice de cada mês seja individualizado (exigência do "único").

Podemos agora definir bijeção. Diz-se que uma função de A em B é uma bijeção se, e somente se, a cada elemento de A corresponde um único elemento de B e vice-versa. Isto significa que se f é uma bijeção de A em B, então existe também uma função de B em A. Essa função de B em A é denotada por f^{-1} e é chamada de função inversa. Os conjuntos A e B, se forem finitos, deverão ter o mesmo número de elementos (se forem infinitos dizemos que têm a mesma potência).

A palavra bijeção tem vários sinônimos: função bijetora, função

Panorama da Matemática

bijetiva, função um-a-um, correspondência biunívoca, etc. Contudo, não é comum em Matemática que um termo definido tenha sinônimos. A precisão exige que não se usem termos variados para se referir ao mesmo fato.

Vê-se que se existe uma bijeção entre dois conjuntos, um não pode ter mais nem menos elementos que o outro.

A formulação abstrata da definição de número de Frege é feita do seguinte modo: diz-se que o número 0 é o conjunto vazio ($\emptyset$); o número 1 é o conjunto unitário do vazio (o conjunto que possui como único elemento o vazio); o número 2 é o conjunto que possui como elementos apenas o vazio e o unitário do vazio; o número 3 é o conjunto cujos elementos são o vazio, o unitário do vazio e o que contém estes dois. Prosseguindo desta forma, definimos todos os números naturais.

Ao número de elementos de um conjunto chamamos *número cardinal* desse conjunto (símbolo: #). Se o número cardinal de um conjunto é um número natural **n**, dizemos que o conjunto é finito. Se tal não ocorrer, o conjunto diz-se infinito.

Dois ou mais conjuntos que podem ser postos em correspondência biunívoca são chamados *conjuntos equipotentes*. Se A e B são dois conjuntos equipotentes, eles têm, é claro, o mesmo número de elementos. Sejam **m** o número de elementos de A e **n** o número de elementos de B. Agora, suponhamos que A é equipotente a uma parte de B, mas B não é equipotente a nenhuma parte de A. Neste caso, dizemos que **n** é menor que **m** e a notação é n<m, ou podemos dizer que **m** é maior que **n** e a notação é n > m. A igualdade, m = n, ocorre quando A é equipotente a uma parte de B e B é equipotente a uma parte de A, que é o mesmo que dizer que A e B são equipotentes.

Os axiomas de Peano

Há uma outra abordagem para os números naturais e que pelo fato de não se chocar em nada com a de Frege, costuma andar lado a lado com aquela. Trata-se dos conhecidos como axiomas de Peano.

Cacildo Marques

Giuseppe Peano, italiano que viveu entre 1858 e 1932, professor na academia militar de Milão, pretendeu, por seu lado, encontrar uma linguagem rigorosa para a lógica matemática, a aritmética, a álgebra e outros ramos da Matemática. Criou para tanto vários símbolos, muitos dos quais são hoje amplamente usados, tais como os sinais de "pertence a" ($\in$), "união" ($\cup$), "intersecção" ($\cap$), "contém" ($\supset$), etc.

Tomando-se três conceitos primitivos (zero, número e a ideia de sucessor), os axiomas de Peano são expressos assim: (n_1) zero é um número; (n_2) se **n** é um número, o sucessor de **n** é um número; (n_3) zero não é sucessor de nenhum número (i.e., o sucessor de um número é sempre diferente de zero); (n_4) se dois números têm o mesmo sucessor, então esses números são iguais; (n_5) se um conjunto S contém o zero e também contém o sucessor de cada número de S, então S contém todos os números.

É claro que sempre que neste contexto se diz "número", quer-se referir a número natural.

O axioma n_5 é o conhecido Postulado da Indução Finita, ou Indução Matemática.

Partindo-se de outro enfoque, os axiomas de Peano passam a ser proposições que se demonstram, o que não será feito aqui. Vamos só lembrar que, estando a existência dos números definida ou postulada, podemos passar a trabalhar com as conhecidas operações de adição, subtração, multiplicação, divisão, potenciação e radiciação, com suas propriedades. Preferimos, no entanto, passar a tratar de um conjunto que oferece algumas possibilidades a mais.

Os números inteiros relativos

Até agora, vimos falando dos números naturais, ou números inteiros não-negativos. Estes são os números que se usam "para contar" e que tiveram suas utilizações bastante aumentadas com a invenção do zero, cujo símbolo aparece pela primeira vez em notação posicional numa inscrição do ano de 876, na Índia. Apesar da importância dessa invenção, a aceitação do zero como um dos números naturais é coisa

Panorama da Matemática

recente.

A ideia de número negativo, ensinada hoje no sexto ano da escola, é também relativamente recente como instrumento matemático, embora tenha sido concebida por Platão, três séculos antes de Cristo. Pode-se discutir a insistência em se ensinar Matemática no ensino fundamental do ponto de vista de noções como esta e outras que a humanidade levou muitos séculos de história para construir. É inegável, porém, que tais noções são indispensáveis hoje no rigor que a apresentação desta disciplina requer. No Congresso Internacional de Matemática realizado em Roma, em 1908, Poincaré chegou a afirmar que a teoria dos conjuntos representava uma patologia da qual a Matemática logo se curaria. Esta predição, ao que parece, constituiu-se num erro, dado o aperfeiçoamento adquirido por essa teoria nos anos seguintes, mas algo curioso resultou daí quando se lembra que a palavra "patologia", hoje aplicada a problemas esquisitos que aparecem na Matemática, teve sua origem, naquela acepção, exatamente na frase de Poincaré.

Mas voltemos aos nossos números negativos. Devemos lançar mão de uma das propriedades das operações em determinados conjuntos, a propriedade do fechamento. Dizemos que um conjunto é fechado em relação a uma dada operação quando o resultado da operação entre quaisquer dois elementos do conjunto é ainda um elemento do conjunto. Esta propriedade, como se pode verificar, não vale para a operação de subtração quando feita com números naturais. Utilizando-nos da noção de "maior que", tomemos dois números **a** e **b**, com **a** maior que **b**. Então a - b = c é um número natural. Por exemplo, 5 - 3 = 2. Mas tentemos a operação noutro sentido, i.e., b - a = d. O número resultante, como se pode ver no exemplo, fazendo a operação 3 - 5, não é um número natural. O resultado de 3 - 5, denotado por -2, é um valor classificado como número negativo, pertencente ao conjunto dos números inteiros relativos, ou simplesmente números inteiros, e representa a quantidade cujo oposto, como número natural, deveria ser acrescentado para se ter o número zero. Exemplos de uso: se o carro está indo para a frente, a velocidade é positiva, enquanto que em marcha a ré podemos tomar a velocidade como negativa; se um europeu tem cem euros no bolso e não deve nada a ninguém, então ele tem cem euros positivos, enquanto que um que não tem nada no bolso nem tem bens e deve cem euros, este tem cem euros negativos.

O conjunto dos números inteiros tem, como também os naturais, infinitos elementos e para cada número natural diferente de zero existe um inteiro positivo, que coincide com o natural, e um negativo correspondente.

Apesar disso, podemos mostrar que este conjunto não possui mais elementos que o dos naturais, e isto se faz estabelecendo-se uma bijeção, ou correspondência um-a-um, entre os elementos de um e de outro conjunto. Basta ligar o 0 ao próprio 0, o 1 ao -1, o 2 ao +1, o 3 ao -2, o 4 ao +2, o 5 ao -3, e assim sucessivamente, ligando os naturais ímpares aos negativos e os naturais pares aos positivos. A impressão que surge à primeira vista, de que os naturais não serão suficientes para enumerar os inteiros relativos, não deve ser levada a sério. Os números de sinal + são os inteiros positivos e este sinal foi colocado antes desses números só para distingui-los daqueles do conjunto de partida, que são os naturais, mas lembramos que como inteiros eles continuam números naturais. O conjunto dos números inteiros contém o conjunto dos números naturais.

Quando, entre dois conjuntos, um não tem mais nem menos elementos que o outro, diz-se que eles têm a mesma *potência* (daí serem equipotentes). A ideia de potência de conjunto é devida a Georg Cantor ('Cântor'), matemático alemão que viveu entre 1845 e 1918 e deu uma forma matemática rigorosa à teoria dos conjuntos, chamada por ele de "teoria das multiplicidades" (*mennigfaltigkeistslehre*) ou, ainda, "teoria das coleções" (*mengenlehre*).

O teorema fundamental da Aritmética

Os números inteiros relativos, que têm a propriedade de ser fechados com relação à operação inversa da adição, a subtração, não é, no entanto, um conjunto fechado com relação à operação de multiplicação, a divisão, nem com relação à radiciação, inversa da potenciação. Isso significa que uma divisão entre dois números inteiros nem sempre é um inteiro e que também a raiz, digamos a raiz quadrada, de um número inteiro nem sempre está nesse conjunto. Como se sabe, a raiz quadrada de um número **n** é um número **x** que multiplicado por si mesmo resulta em **n**. Para verificar se é um inteiro a raiz quadrada de um número inteiro não-negativo usa-se o Teorema Fundamental da Aritmética. Esse teorema estabelece que todo número inteiro maior que a unidade pode ser decomposto em fatores primos, entendendo-se como primo todo número que tem exatamente dois divisores, que são a unidade e ele mesmo. Usando a decomposição que o teorema garante existir, agrupamos os fatores iguais. Se cada fator aparece um número par de vezes, então a raiz quadrada é um número inteiro e podemos calculá-la tomando a metade dos fatores em cada grupo de fatores iguais, fazendo em seguida a multiplicação. Por exemplo, a raiz quadrada de 3600 é a raiz quadrada de sua decomposição em primos, 2*2*2*2*3*3*5*5 ou $2^4*3^2*5^2$, e isto dá 2*2*3*5, que resulta no número 60.

É costume referir-se aos números naturais pelo seu símbolo, N, enquanto que os inteiros relativos são denotados pela letra Z, inicial da palavra alemã "zahl" (número).

Os números racionais

Dizemos que o conjunto dos números inteiros não é fechado com relação à divisão, pois se tentarmos fazer uma divisão com determinados pares de números, por exemplo, 2 e 3, o resultado da operação não será um número inteiro. Assim, vemos que existem conjuntos que contêm números que não estão no conjunto dos inteiros. Desses conjuntos, o mais simples é o que se chama de *conjunto dos números racionais*, denotado pela letra Q, de quociente, e que contém aqueles números que antigamente se chamavam "números quebrados" e também os inteiros, pois, formalmente, Q é o conjunto dos números da forma a/b, b ≠ 0, com **a** e **b** no conjunto dos inteiros, e esta expressão, a/b, engloba números inteiros, bastando que, por exemplo, tome-se b = 1.

Pode-se demonstrar que o número a/b é igual ao número a:b, sendo suficiente para isso dividir por **b** o número sobre o travessão, o numerador, e por **b** também o número que está embaixo, o denominador. Vê-se que o resultado é 1 no denominador e a:b no numerador. Assim, o uso de uma notação ou outra depende da conveniência de ocasião. A notação de divisão, a:b, indica que a divisão está para ser feita, enquanto que a fracionária, a/b, não representa um convite ao cálculo de divisão, pois dá a ideia de um número pronto.

Os números fracionários, com a devida notação da época, eram usados já pelos egípcios em torno de 2000 a.C., conforme atesta o papiro de Amés, adquirido em 1858, às margens do Nilo, pelo antiquário escocês Henry Rhind, sendo Amés o nome da pessoa que o compilou no antigo Egito. Nesse documento são feitos diversos cálculos usando números fracionários. Detalhe curioso é que para os egípcios antigos a fração era sempre uma fração unitária, i.e., com numerador 1 - concebiam a ideia de quinta parte do inteiro, mas não a da fração 3/5 como um valor numérico. Já para os gregos antigos a ideia de fração não fazia sentido, em nenhuma de suas formas.

O resultado de uma divisão entre dois números inteiros pode ser escrito usando casas decimais, por exemplo, 3:2 = 1,5; 2:5 = 0,4; 4:5 = = 1,25. Neste formato podemos observar que entre cada dois números racionais existe pelo menos um outro número racional. Assim, entre o número 1,25 e o número 1,26 temos 1,255 (a média entre os dois). Isto não é muito. O fato que se demonstra é que entre quaisquer dois números racionais existem infinitos números racionais distintos. Um conjunto onde se observa este fato chama-se *conjunto denso*. Obviamente, o conjunto dos números inteiros não é denso.

Outro fato curioso, este demonstrado por Cantor, é o de que o conjunto dos números racionais tem a mesma potência, a mesma quantidade de elementos, que o dos números naturais, i.e., podemos estabelecer uma correspondência um-a-um entre os naturais e os racionais. Um conjunto que pode ser posto em correspondência

Panorama da Matemática

biunívoca com o dos números naturais diz-se um *conjunto enumerável* ou *contável*.

A prova de Cantor, de que Q é enumerável, é feita do seguinte modo: em ordem crescente de denominador, escrevem-se numa linha do papel as frações de numerador 1, na linha seguinte as de numerador 2, na outra as de numerador 3 e assim por diante. Em seguida começa-se a enumerar esses números, um por um, numa direção oblíqua, tomando-se primeiro aquele cuja soma do numerador com o denominador é 2 (a fração 1/1), em seguida aqueles em que esta soma dá 3 (as frações 1/2 e 2/1), depois aquelas com soma 4 (3/1, 2/2 e 1/3), e assim sucessivamente. Dessa forma, fica evidente que os números racionais são enumeráveis e, portanto, a potência de Q é a mesma de N.

Os incomensuráveis

Pitágoras de Samos, que viveu entre 580 e 500 a.C., aproximadamente, é o fundador da escola que leva seu nome e que tem na história o reconhecimento de ter pela primeira vez interpretado a Matemática de maneira puramente filosófica, através de sua visão dessa disciplina enquanto ciência do intelecto. Tales de Mileto já havia, com meio século de antecedência, apresentado várias demonstrações para teoremas de Geometria, o que significa a invenção da ciência especulativa, mas, tendo-se transformado num homem de negócios, não pôde devotar à Matemática a mesma dedicação que os pitagóricos. Pitágoras, aliás, a tal ponto foi arrebatado pelas suas constatações nos estudos dos números que, passando a atribuir a eles propriedades mágicas, foi pouco a pouco amedrontando a população, levando-a, finalmente, a incendiar sua escola, sob a liderança de um candidato que havia sido rejeitado no exame de ingresso. Desde então não se sabe do paradeiro desse que foi o criador das palavras Filosofia e Matemática.

Os resultados mais conhecidos da Escola de Pitágoras são a descoberta da relação aritmética das notas musicais e a primeira demonstração do chamado Teorema de Pitágoras, que estabelece a igualdade entre o quadrado da hipotenusa e a soma dos quadrados dos catetos no triângulo retângulo.

Pitágoras, antes de ter sua escola destruída, tinha-se deparado com um problema que veio significar não menos que uma grave contradição entre as suas pretensões e os limites das possibilidades que estavam ao seu alcance no âmbito dos conhecimentos de então. Números, para os pitagóricos, eram apenas os números inteiros positivos. Nem mesmo as razões entre estes, o que viria a ser entendido mais tarde como o conjunto dos números racionais, eram vistas como números. O próprio lema da escola, "tudo são números", deve seu sentido àquela acepção da palavra.

Tome-se um triângulo retângulo cujos catetos são iguais e de medida 1. O quadrado da hipotenusa desse triângulo, a qual coincide com a diagonal do quadrado de lado 1, tem valor 2, pois é a soma dos quadrados dos catetos, i.e., o quadrado de 1 mais o quadrado de 1. Então a medida da hipotenusa é um número que multiplicado por si mesmo dá resultado 2, ou seja, é a raiz quadrada de 2. Ocorre que não existe entre os racionais um número com esta propriedade, pois nenhum número da forma a/b, com **a** e **b** inteiros, dá resultado 2 quando multiplicado por si mesmo.

Observou-se que, para qualquer valor racional que se atribua ao lado de um quadrado, não podemos ter um valor racional para medida da diagonal, pois não há número racional que seja igual ao dobro do quadrado de outro. Isto significa que não há uma unidade de medida, por pequena que seja relativamente à medida do lado, tal que, se esta medida é um número finito de escalões tomados nessa unidade, a medida da diagonal possa também ser uma quantidade inteira desses escalões. Segmentos desse tipo, que não podem ter medidas racionais, foram chamados de *incomensuráveis*. Os números que correspondem a tais medidas foram posteriormente chamados de *irracionais*, i.e., números que não podem ser escritos em forma de razão entre inteiros, e formam juntamente com os números racionais um conjunto mais amplo, o dos *números reais*, denotado pela letra R. Tendo em conta esta ideia passamos a assumir a existência dos reais no que convier ao

Panorama da Matemática

propósito do trabalho.

As escolas de pensamento

A era dos estudos dos Fundamentos da Aritmética, que veio fornecer muitos dos resultados vistos até aqui, além de uma porção de outros, não se fez sem divergências e tropeços. Entre as mais significativas, três escolas de pensamento surgiram para disputar o lugar de guia nas investigações das bases da Matemática. São elas: o *logicismo*, liderado por Bertrand Russel; o *intuicionismo*, que teve seu líder no matemático holandês E. J. Brower ('Brúver', ou 'Bráuer' como dizem os ingleses), que viveu entre 1881 e 1966, e pregava que a Matemática não se faz por descobertas, mas por invenções; por fim, a escola chamada de *formalismo*, liderada por David Hilbert e que difundia o uso do método axiomático como o caminho correto para o estabelecimento das teorias matemáticas, característica que está presente, por exemplo, no trabalho de Peano.

O logicismo pretendia que toda a Matemática poderia ser reduzida a relações lógicas. Hoje sabemos que isto não é possível, mas é certo também que a obra de Russell deixou preciosos frutos para a Ciência Matemática. Várias dificuldades surgiram ao longo dessas investigações e entre elas estão alguns paradoxos relacionados à teoria dos conjuntos, como é o caso da *antinomia de Russell*. A antinomia de Russell expressa assim: tomemos o conjunto X dos conjuntos que não se pertencem a si mesmos. Há duas possibilidades. Ou esse conjunto X está em si mesmo ou ele não se pertence. Mas, no segundo caso, se ele não se pertence a si mesmo, então ele pertence a X, i.e., ele se pertence a si mesmo. E, no primeiro, como ele não pertence a X, então ele é membro de X, pois, deste modo, X é ainda um dos conjuntos de conjuntos que não se pertence a si mesmos. Contorna-se essa dificuldade convencionando-se a não-existência de um conjunto universo, no sentido de universo do discurso, como era adotado anteriormente. Frege, numa carta enviada por Bertrand Russell, tomou conhecimento desse paradoxo e, com isso, viu praticamente inutilizado o conteúdo de um seu livro que estava para ser publicado. Foi exatamente a teoria dos conjuntos que impediu Russell de alcançar a realização de seu sonho do logicismo.

Quanto ao intuicionismo, trata-se de uma doutrina que se distanciava muito da prática com que, na maioria dos casos, a produção matemática tem sido gerada. Para se estar de acordo com essa corrente teria sido necessário o abandono de quase todos os resultados obtidos até então na pesquisa e a edificação de uma matemática totalmente nova, empenho este que não se faz sentir. O intuicionismo nega a validade do *princípio do terceiro excluído*, o qual diz que, se duas sentenças são contraditórias, uma é verdadeira e a outra é falsa. Ocorre que uma enorme parcela das provas matemáticas é conseguida utilizando-se a *demonstração por absurdo*, na qual está implícito aquele princípio. Além desse fato, a Matemática que essa escola se propunha construir passava por caminhos complicadíssimos que acabaram não provocando entusiasmo.

Há quem classifique Poincaré nas trincheiras do intuicionismo. Mas esse engenheiro que se divertia criando e descobrindo grandes conceitos e fatos matemáticos tinha uma filosofia particular, a do *convencionalismo*. Para ele, todos os conhecimentos consolidados na cultura humana são apenas convenções. Nós convencionamos que a Segunda Lei de Newton é algo verdadeiro e, enquanto vigora a decisão, aceitamos e usamos a ideia.

A doutrina do formalismo, por seu lado, respondia à característica de simplicidade sempre reclamada para a Matemática, além do que, tinha em alta conta a prática da demonstração por absurdo, o que vinha ao encontro dos resultados da quase totalidade das pesquisas sérias no estágio em que elas se encontravam. Caro a Hilbert e a seus seguidores era também o emprego do método axiomático, e isto, juntamente com outros princípios de sua escola, é o que faz do formalismo a linha prevalecente nos dias atuais nas diversas instituições matemáticas dos grandes centros, embora o que se diga é que a polêmica entre as três grandes correntes foi superada, pela via da conciliação.

Panorama da Matemática

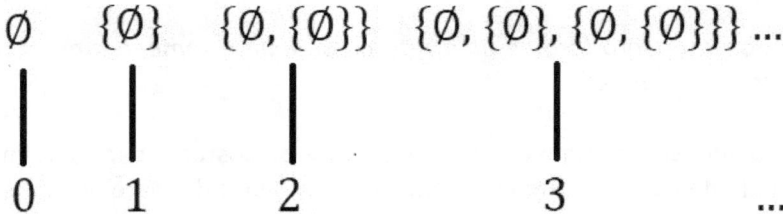

A definição de número

Revisão 1

1A) Dados os conjuntos de números naturais A = {-2, -1, 0} e B = {3, 4}, verificar quais das relações abaixo são funções de A e B.
a) F = {(-2, 3), (-1, 4), (-1, 3)}
Solução: dos elementos de A, o 0 não foi usado (não vale o "cada"); dos elementos de A, um deles, o número -1, está sendo usado mais de uma vez (não vale o "único"); portanto (se não há nos pares elementos estranhos ao conjunto B, devem ser analisados apenas os elementos do conjunto A), a relação F não é função.
  b) G = {(-2, 3), (-1, 4), (0, 3)}   c) H = {(-2, 3), (0, 4)}
d) J = {(-2, 4), (-1, 4), (0, 4)}}   e) M = {(-2, 3), (-1, 3), (0, 4)}
1B) Fatorar em números primos o valor inteiro dado
  a) 80
Solução (vamos dividindo os fatores pela sequência dos primos, 2, 3, 5, 7, 11.... até que não sejam mais divisíveis e no fim tenhamos quociente 1):
```
      2   2   2   5
     40  20  10   5   1
```
  Resp.: 40=2*2*2*5
  b) 70   c) 50   d) 75   e) 66

Cacildo Marques

2. A GEOMETRIA

Por um ponto fora de uma reta passa uma e somente uma reta paralela à reta dada.

O enunciado acima é a formulação que se costuma dar ao quinto postulado de Euclides, o mais polêmico dos axiomas da Matemática em toda a história.

Euclides de Alexandria, dito de Alexandria por não se saber ao certo o lugar de seu nascimento, embora tenha sido confundido por muitos séculos como Euclides de Mégara, foi quem deu à Geometria a forma em que esta disciplina se apresentava até o fim do século XIX. Seu livro mais famoso, *Os elementos*, de 323 a.C., que é também o livro mais famoso entre todas as obras matemáticas existentes, contém não apenas a parte de Geometria, que iniciava com uma exposição dos cinco postulados e cinco *noções comuns* necessários para o desenvolvimento do tema, mas incluía também Aritmética e Álgebra, obviamente uma Álgebra não simbólica, no sentido da simbologia de que ela hoje dispõe.

O nascimento da Geometria, porém, deu-se muitos séculos antes disso e, segundo consta, no Egito mesmo. Aristóteles e Heródoto divergem num ponto quanto à maneira como isso ocorreu. Para Aristóteles, os criadores da Geometria foram os sacerdotes, que eram encarregados de elaborar as plantas dos templos. Já Heródoto afirma que essa disciplina surgiu através dos agrimensores que, a cada cheia do Nilo, tinham a incumbência de reordenar as fronteiras das propriedades, que um dia o faraó Sesóstris I mandou dividir entre os lavradores. É fato que os conhecimentos adquiridos dentro dessas duas atividades sofriam influência mútua e a evolução da matéria deve ter-se dado nas duas frentes.

A Geometria viajou do Egito para a Grécia através de homens como Tales de Mileto e ali veio a ser por longo tempo a preocupação de muitos conhecidos estudiosos, sendo Platão um dos seus maiores cultores.

A formulação moderna

A preocupação com o estudo dos fundamentos da Matemática observada ao longo do século dezenove evidenciou uma crescente insatisfação com o modo pelo qual a Geometria ainda era apresentada. O texto de Euclides, que continuava servindo de modelo, continha grande quantidade de imperfeições que já não podiam ser admitidas por contrariarem a busca do rigor que os pesquisadores sustentavam ser essencial no tratamento das disciplinas matemáticas. Em *Os elementos*, Euclides definia noções a partir de outras noções não explicitadas anteriormente, como por exemplo a frase em que se lê que *ponto é o que não tem parte*, além de lançar mão, ao longo do trabalho, do mesmo recurso, i.e., não se atinha aos seus postulados e definições, mas introduziria, vez por outra, nas suas provas, termos que não haviam sido definidos, além de cometer outras pequenas falhas lógicas. Ao que se sabe, Euclides não deixou nas suas obras grandes descobertas geométricas feitas por ele próprio, servindo seus textos basicamente como material didático para suas aulas no Museu de Alexandria. Suas falhas podem ser atribuídas à maneira como a Matemática era estudada na época, dado que sua obra era na realidade uma coleção dos resultados a que a antiguidade havia conseguido chegar até ali.

Reportemo-nos mais uma vez a David Hilbert para dizer que coube a este pesquisador a autoria do livro que viria trazer a apresentação rigorosa da Geometria nos moldes em que ela é vista atualmente. Trata-se da obra *Grundlagen der Geometrie* (Fundamentos da Geometria), publicado em 1899. Hilbert começa por estabelecer três objetos não definidos - ponto, reta e plano - e seis relações não definidas - os conceitos de *estar sobre*, *estar em*, *estar entre*, *ser congruente*, *ser paralelo* e *ser contínuo*. Os postulados, introduzidos em seguida, são em número de vinte e um e são chamados hoje de axiomas de Hilbert. A partir dessas bases é que começam a ser feitas as deduções, conforme a prática do método axiomático.

Período intermediário

Apesar desse longo intervalo de 22 séculos, decorridos entre a elaboração de *Os elementos* e a dos *Grundlagen*, a Geometria não permaneceu estanque durante todo o período. No século XVII, por exemplo, vimos não só o surgimento da Geometria Analítica de René Descartes (1596-1650), precedida dos valiosos trabalhos de Kepler (1571-1630), como a *Stereometria doliorum* (1615), sobre volumes, e de Bonaventura Cavalieri (1598-1647), discípulo de Galileu, com sua *Geometria Indivisilibus* (1635), como ainda contribuições notáveis de Pierre de Fermat (1601-1665) em sua *Introdução aos lugares*, publicada postumamente, de Torricelli (1608-1647), outro discípulo de Galileu, com sua *De parabole* (1644), além de Blaise Pascal (1623-1662) com o *Essay pour les coniques*, texto de uma única página, publicada em 1640, quando o autor contava dezesseis anos de idade. Sua *Obra completa sobre cônicas*, de 1654, não foi publicada e se perdeu, sendo conhecidos hoje apenas as notas que Leibniz tomou sobre eles.

Outros autores publicaram trabalhos significativos por essa época, como é o caso de Roberval (1602-1675), Desargues (1591-1661), John Wallis (1616-1703) e Christiann Huygens (1629-1695).

Como se vê, o século XVII foi particularmente produtivo com relação à Geometria, mas não se pode esquecer que apesar de escassos os progressos em outras épocas, ela nunca deixou de ser cultivada. Arquimedes de Siracusa, que viveu entre 287 e 222 a.C., dedica a esse assunto vários tratados, entre os quais os conhecidos *Sobre espirais*, *Quadratura da parábola*, *Sobre as medidas do círculo* e o recentemente descoberto *O método*, que fora enviado em forma de carta a Eratóstenes, o célebre bibliotecário de Alexandria. Vieram em seguida Apolônio de Perga (262-100 a.C.) com seu tratado *As cônicas*; Menelau de Alexandria, no século I, que escreveu a obra chamada *Sphaerica*; Ptolomeu de Alexandria, no século II, que deixou um trabalho de indiscutível significado, o *Syntaxis Mathematica*, chamado pelos árabes

Panorama da Matemática

de *Almajesto* (o maior). Papus de Alexandria, no século IV, é quem escreveu a última obra de peso antes de o centro matemático do mundo transferir-se da cultura helênica para o islão. Sua *Sinagoge* (Coleção), composta de oito livros, contém discussões sobre trabalhos de Euclides, Apolônio, Arquimedes e Ptolomeu, além de grande quantidade de descobertas do próprio autor. Alguns estudiosos seguem cultivando a Geometria, sem, contudo, acrescentar-lhe muitas coisas de valia, como é o caso do romano Boécio (480-524), de Cassiodoro (480-575) e de Isidoro de Mileto, também do século VI, que foi um dos últimos dirigentes da Academia fundada por Platão em Atenas nove séculos antes.

Em 529, o Imperador Justiniano decidiu fechar as escolas filosóficas que existiam nos limites dos seus domínios, incluindo-se a de Atenas, o que levou vários filósofos da época a se exilarem na Pérsia. Alguns autores dizem que o que se constituiu na Pérsia foi a "Academia ateniense no exílio".

Entre os matemáticos do mundo muçulmano que deram contribuições à Geometria destacam-se os indianos Bramagupta, no século VII, e Báskara (1114-1185). Por essa época surgiu na Pérsia o matemático Omar Khayyam, que viveu entre 1050 e 1122 e utilizou largamente a Geometria na solução de problemas algébricas. Omar Khayyam é, porém, mais conhecido pelo seu livro de poemas, o *Rubayat*.

A Europa estava então vivendo o período de estagnação iniciado por Justiniano até que um francês chamado Gerbert (940-1003) vem introduzir o que se pode chamar de uma verdadeira revolução no processo de ensino de Matemática no ocidente. Gerbert, que mais tarde se tornaria papa com o nome de Silvestre II, foi, ao que se sabe, o primeiro a ensinar numerais indo-arábicos na França. É autor de uma *Arithmetica* e uma *Geometria*, obras nas quais estabelece sua nova orientação.

O próximo passo para os matemáticos europeus é o das traduções dos textos árabes, muitos dos quais eram, por sua vez, textos clássicos que os matemáticos islâmicos haviam vertido do grego para sua língua, séculos antes. A essa tarefa lança-se o inglês Adelard de Bath (1075-1160), que traduz do árabe para o latim *Os elementos* de Euclides e o *Almajesto* de Ptolomeu, obras das quais não se conhece o original grego, fato devido, entre outras ocorrências, ao incêndio da biblioteca de Alexandria. O país que alojou o maior número de tradutores foi, como não poderia deixar de ser, a Espanha, que até pouco tempo antes vinha sendo ocupada pelos muçulmanos. Aí se encontravam Robert de Chester, Platão de Tívoli, Rudolph de Bruges e muitos outros, todos entregues ao trabalho de tradução. O mais lembrado, porém, é Gerardo de Cremona (1114-1187), que elaborou novas traduções de *Os elementos* e do *Almajesto*, além das primeiras versões latinas do livro *Sobre as medidas do círculo* de Arquimedes e da *Álgebra* de Al-Khwarizmi.

A divulgação dessas traduções constituiu-se no impulso necessário para que a Europa passasse à produção de suas próprias ideias matemáticas, o que se verificará na pessoa de Leonardo de Pisa (1200-1256), o Fibonacci, que trouxe à luz uma obra de enorme importância no cenário que estava a se formar, a *Practica geometriae*. O inglês Thomas Bradwardine (1200-1349), chamado *Doctor Profundus*, escreveu a *Arithmetica* e a *Geometria*. Posteriormente, surgiu o grande matemático Regiomontanus (1436-1476) que deixou suas investigações em obras como a *Epítome do Almajesto de Ptolomeu* e *De triangulis omnimodis*. Os matemáticos do século seguinte preocuparam-se mais com a Aritmética e a Álgebra, o que podemos observar na *Ars magna* de Girolamo Cardano (1501-1576) e no *Canon mathematicus* de François Viète (1540-1605). Já no século XVII, como vimos acima, nenhuma outra área da Matemática recebeu tanta atenção como a Geometria.

No final do século XVIII, o progresso maior da Geometria deu-se com os matemáticos da revolução francesa, como, por exemplo, Gaspard Monge (1746-1818) com sua *Géométrie descriptive*, baseada em curso dado na École Polytechnique, Legendre (1752-1835) com seus *Élements de géométrie* e Lagrange (1736-1813) que publicou diversos trabalhos na área.

Panorama da Matemática

Um acontecimento marcante na história da Geometria, e que se deu também antes dos *Grundlagen*, foi a publicação, em 1829, do artigo *On the principles of geometry*, por aquele que foi chamado "O Copérnico da Geometria", o conhecido matemático Nicolai Lobachevsky, que desenvolveu a primeira Geometria não-euclidiana, mediante a substituição do postulado das paralelas por um que admitia que por um ponto fora de uma reta passam infinitas retas do plano paralelas à reta dada, e não apenas uma, como quis Euclides. (Dada a aparente inaplicabilidade dessa Geometria, Lobachevsky chamou-a "Geometria imaginária".) O primeiro a conceber tal possibilidade foi Carl Friedrich Gauss, matemático que viveu de 1777 a 1855 e foi o maior nome da Teoria dos Números, mas este não chegou a passar sua ideia para o papel. Um outro matemático, Janos Bolyai (1802-1860), estudava o assunto ao mesmo tempo que Lobachevsky, porém a publicação de seu trabalho veio a ser conhecida apenas em 1832. Posteriormente surgiram outros modelos de Geometria não-euclidiana, sendo mais conhecidos os de G. F. B. Riemann (1826-1866) e Poincaré.

Uma aprendizagem atual

Uma forma conveniente para uma apresentação didática da Geometria tem sido a de se começar com cinco postulados, chamados *de incidência*, após estabelecer quatro conceitos não definidos, os conceitos de ponto, reta, plano e espaço, o que é suficiente para a demonstração de vários teoremas. Depois, à medida que se fazem necessários, outros postulados vão sendo introduzidos.

A título de curiosidade, e também para propiciar uma comparação, vamos relacionar os cinco postulados de Euclides, conforme apresentados em *Os elementos*, antes dos de incidência, a que nos referimos acima. Veremos como em Euclides há a preocupação de abranger, já de início, diversas partes da Geometria Plana. Note-se que o quinto postulado tem uma aparência bastante diferente daquela mais simplificada com que começamos este capítulo. Há, de fato, muitas formulações deste postulado, todas elas equivalentes.

Cacildo Marques

Os postulados de Euclides têm a seguinte apresentação:
Seja postulado o seguinte:
1 - Traçar uma reta de qualquer ponto a qualquer ponto.
2 - Prolongar continuamente "uma reta finita" em uma linha reta.
3 - Descrever um círculo dados qualquer centro e qualquer raio.
4 - Que todos os ângulos retos são 'iguais'.

5 - Que, se uma reta cortando duas retas tem os ângulos interiores de um mesmo lado menores que dois ângulos retos, então as duas retas, ao se prolongarem indefinidamente, encontram-se desse lado em que os ângulos são menores que dois ângulos retos.

Relacionemos agora os cinco postulados de incidência, conforme se costuma fazer nos textos atuais:

(i_1) Dados dois pontos distintos, existe uma única reta que os contém.

(i_2) Três pontos distintos, não-colineares, determinam um único plano no espaço.

(i_3) Dados dois pontos distintos contidos no plano, a reta por esses dois pontos está contida no plano.

(i_4) Se dois planos têm intersecção não-vazia, a intersecção contém uma reta. (Interseção: conjunto de pontos em comum.)

(i_5) Toda reta contém dois pontos distintos; todo plano contém três pontos distintos, não colineares; e o espaço contém pelo menos quatro pontos distintos, não-coplanares.

Como se pode observar, utilizamos nesses postulados, além dos quatro objetos admitidos sem definição, apenas os conceitos de *contém*, *pertence a*, *intersecção* e *vazio*, noções básicas da teoria dos conjuntos, teoria esta que, ao lado das noções de lógica, forma o esteio de todos os conceitos fundamentais da Matemática.

Por uma conveniência de escrita, é convencionado o uso de letras latinas maiúsculas (A, B, C, ...) para indicar pontos, de letras minúsculas (r, s, t, ...) para as retas e letras gregas minúsculas (α, β, γ, δ, ...) para plano. O espaço costuma ser indicado com a letra S.

Os teoremas que podem ser provados com a utilização dos instrumentos introduzidos até aqui valem tanto para a Geometria euclidiana clássica como para uma outra, a Geometria euclidiana finita. Tomando-se um espaço constituído por apenas quatro pontos, por exemplo quatro dos vértices de um cubo, que não estejam na mesma face, podemos observar que esse sistema verifica aqueles cinco postulados de incidência.

Antes de falar de alguns teoremas ou proposições que valem para a Geometria Euclidiana, julgamos oportuno fazer uma observação quanto à noção lógica de *igualdade*. Embora na linguagem não-formal possa se tomar como sinônimos palavras como *igual*, *idêntico*, *congruente*, *semelhante*, etc., em Matemática, no entanto, estes termos não expressam a mesma ideia. É novamente a Frege que se deve a definição de igualdade que hoje usamos na Matemática e que veio contribuir de forma inequívoca para eliminar as ambiguidades que muitas vezes se faziam presentes nos textos desse assunto. Em Matemática, pois, duas ou mais entidades são iguais quando são a mesma coisa. Vê-se daí a enorme diferença entre dizer que duas coisas são iguais e dizer-se que elas são semelhantes ou, mesmo, congruentes. Quando escrevemos o sinal de igualdade entre duas expressões aritméticas, o que estamos comparando é nada mais que o valor das duas expressões, e então estamos querendo dizer que nessas expressões o valor é exatamente o mesmo.

Algumas proposições básicas

Primeira proposição: Duas retas distintas no plano interceptam-se em, no máximo, um ponto. A demonstração faz-se do seguinte modo: Dadas duas retas **r** e **s**, distintas, se a sua intersecção é não-vazia, então existe um ponto P nessa intersecção. Suponhamos que existe um outro ponto, Q, distinto de P e que também está na intersecção. Ora, sendo assim, tanto **r** quanto **s** contêm os pontos distintos P e Q, logo, pelo axioma i_1, **r** e **s** são a mesma reta, o que contradiz a hipótese de duas retas distintas. Portanto, a intersecção contém no máximo um ponto.

Segunda proposição: Dados um ponto e uma reta que não o

contém, existe um único plano contendo ambos. Prova: Sejam M e N dois pontos distintos da reta dada e P o ponto que está fora. Então, pelo axioma i_2, existe um único plano determinado pelos pontos M, N e P. O axioma i_5 garante a existência dos pontos M e N da reta e o axioma i_3 afirma que essa reta está contida no plano.

As provas das três proposições seguintes, que omitiremos, são também feitas de modo trivial.

Terceira proposição: Se uma reta e um plano se interceptam, e o plano não contém a reta, a intersecção é um ponto.

Quarta proposição: Dadas duas retas que se interceptam, existe um único plano que as contém.

Quinta proposição: A intersecção de dois planos distintos constitui-se em, no máximo, uma reta.

Para passar a falar de *semirretas* e *segmentos*, convém olharmos antes a noção de distância e o conceito de *estar-entre*. Distância é entendida como uma função de pares de pontos do espaço com valores em R. Distinguem-se três propriedades nesta função, que são as seguintes: (d_1) A distância entre dois pontos A e B é não-negativa; (d_2) a distância entre A e B é nula se, e só se, A = B; (d_3) a distância entre A e B é a mesma que a distância entre B e A. A distância entre A e B é denotada por d(A, B) ou, simplesmente, AB. O *postulado de distância* afirma que sobre o espaço S existe uma função distância.

O conceito de *estar-entre* introduz-se agora por definição. Tomando-se três pontos distintos de uma reta, A, B e C, diz-se que B está entre A e C sempre que AB+BC=AC.

Podemos agora definir *semirreta* como a união entre (a) a união do conjunto dos pontos X tais que X está entre A e B, ou B está entre A e X, e (b) o conjunto dos pontos A e B.

O *segmento AB* define-se como sendo a união do conjunto dos pontos X, tais que X está entre A e B, com o conjunto dos pontos A e B.

Dizemos que dois segmentos AB e CD são *congruentes* se d(A, B) = d(C, D), i.e., AB e CD medem a mesma distância.

Uma proposição que pode ser demonstrada aqui é a da existência e unicidade do *ponto médio* de um segmento AB.

Panorama da Matemática

A noção de *semiplano* surge através da definição de *conjunto convexo* e do *postulado de separação do plano*. Conjunto convexo é aquele em que quaisquer dois pontos tomados no conjunto são extremidades de um segmento inteiramente contido nele. O postulado de separação do plano é estabelecido assim: dado um plano e uma reta desse plano, o conjunto do plano, excluída a reta, é a união de dois subconjuntos tais que onde um deles é convexo e cada segmento que une dois pontos desses dois conjuntos intercepta a reta dada. Cada um desses dois conjuntos tem o nome de semiplano.

A definição de *ângulo* depende da noção de semirreta. Ângulo é definido como sendo a reunião de duas semirretas de mesma origem e que não estão contidas na mesma reta. Podemos definir *interior do ângulo* como a interseção de dois semiplanos cujas origens são as semirretas que formam o ângulo, cada um deles contendo pontos que estejam entre pontos da primeira e da segunda semirretas. Novamente um postulado é introduzido, o *postulado da existência de medida de ângulos*, segundo o qual existe uma *função medida de ângulos* com seus valores entre 0 e 180 graus. Com isso, pode-se falar de *congruência de ângulos* e *ângulos adjacentes*, de onde surgem as noções de *ângulo reto* e de *perpendicularidade*.

Ainda podem ser abordadas as ideias de *triângulo*, que é definido como a união de três segmentos dados por três pontos não-colineares, e a de *mediatriz* de um segmento, reta perpendicular que passa pelo ponto médio, sem que se necessite lançar mão do postulado das paralelas.

É impossível provar, no entanto, sem o uso do postulado das paralelas, que a soma dos ângulos internos do triângulo é 180 graus, pois já se demonstrou que as duas asserções são equivalentes.

Muitos estudiosos ao longo da história tentaram elaborar provas para o postulado das paralelas, alguns tendo morrido convictos de que conseguiram tal feito. O árabe Nasir Eddim (1201-1274) foi um deles. O mais célebre, porém, é o jesuíta italiano Girolamo Saccheri que, tendo-se dedicado ao ensino da Geometria, escreveu no fim da vida uma obra chamada *Euclides ab omni naevo vindicatus* (Euclides com todas as falhas corrigidas). Para seus estudos, Saccheri imaginou um quadrilátero, hoje conhecido por *quadrilátero de Saccheri*, com uma base AB e lados AD e BC, onde AD e BC são congruentes. Um dos resultados a que Saccheri chegou e que continua válido é de que os ângulos C e D, opostos aos da base, são congruentes. Saccheri julgou haver demonstrado o postulado das paralelas quando concluiu, numa prova por absurdo, que esses ângulos são retos. A demonstração possível hoje é de que esses ângulos são ou retos ou *obtusos* (têm mais de 90 graus) e que apenas admitindo o postulado das paralelas prova-se que eles são retos. Para isso, demonstra-se, a partir do postulado, que, num plano, duas retas perpendiculares a uma mesma reta são paralelas.

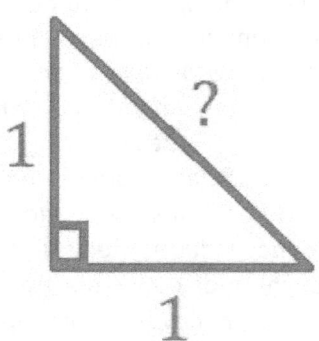

Hipotenusa medindo Ö 2 não fazia sentido para os gregos

Panorama da Matemática

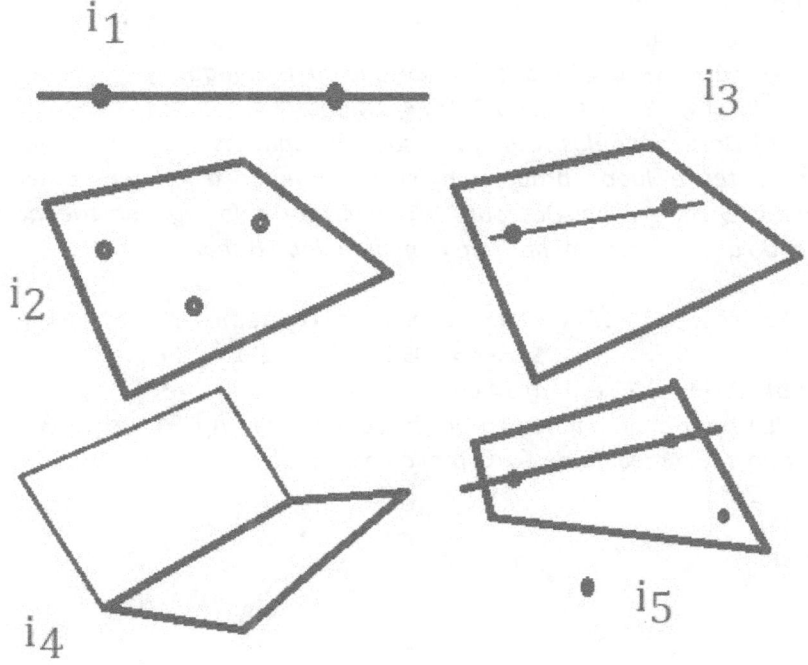

Axiomas de incidência

Revisão 2

2A) *Dois telhados formam ante uma linha horizontal a mesma inclinação, i.e., formam ângulos congruentes. Obter o valor de x quando suas medidas são dadas pelas expressões abaixo.*
   a) $5x-60°$ e $x+20°$
   Solução:
   $5x-60 = x+20 \Leftrightarrow 5x-x = 20+60 \Leftrightarrow 4x = 80 \Leftrightarrow x = 80/4; x = 20°$
   b) $3x+15°$ e $5x-5°$ c) $2x+10°$ e $3x=5°$ d) $x/2+30°$ e $2x-15°$

2B) *Um triângulo é construtível, i.e., é possível construir o triângulo, quando a soma dos dois lados menores supera o terceiro lado (do contrário, o triângulo não se fecha). Das ternas de medidas abaixo,*

dizer quais formam triângulo.
  a) 15, 20, 30.
  Solução: 15+20 = 35, que é maior que 30. É triângulo.
  b) 12, 14, 28.   c) 10, 15, 22.   d) 4, 18, 25.

  2C) Dois triângulos retângulos são semelhantes (i.e., tem ângulos congruentes e lados proporcionais) e o menor deles tem catetos medindo 5 cm e 7 cm. Descobrir o cateto maior do segundo triângulo sabendo que o cateto menor tem a medida dada a seguir.
  a) 15 cm
  Solução: 5/7 = 15/x. Multiplicando em cruz, temos:
  $5x = 7*15 \Leftrightarrow 5x = 105 \Leftrightarrow x = 105/5 \Leftrightarrow x = 21$; $x = 21$ cm.
  b) 10 cm   c) 20 cm   d) 14 cm

  2D) Para a circunferência da figura, calcular m(BPC) e m(BOC) sabendo que a medida de APC tem o valor abaixo.
  a) 20°

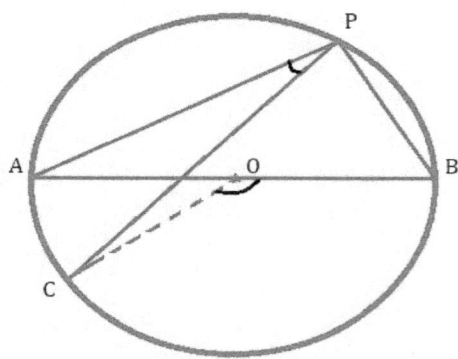

  (O teorema do ângulo inscrito diz que a medida do ângulo central é o dobro da medida do ângulo inscrito, significando que APB mede 90°, dado que AOB tem 180°, e BOC mede o dobro de BPC.)
  Solução: m(BPC) = m(APB)-20° = 90° - 20° = 70°; m(BOC)=2*m(BPC) = 2*70° = 140°.
  b) 30°   c) 80°   d) 38°

Panorama da Matemática

3. A ÁLGEBRA

A palavra *álgebra* aparece pela primeira vez no livro árabe *Al-jabr wa'l muqabalah*, do matemático Mohammed Ibn-Musa al-Khwarizmi, falecido no ano de 850, de cujo nome derivaram-se as palavras *algarismo* e *algoritmo*. Na tradução latina, o livro tem o nome de *Liber Algebrae et almucabala*, donde a grafia atual de *álgebra*. Al-jabr significava aproximadamente *complementação* ou *restauração*, enquanto que *muqabalah* tinha o sentido de *redução*.

Muitos autores atribuem a al-Khwarizmi o título de *o pai da álgebra*, embora alguns prefiram chamar assim a Diofanto de Alexandria (384-300 a.C., aproximadamente), devido aos desenvolvimentos apresentados em sua obra *Aritmética*. Ocorre que o livro de al-Khwarizmi, como é destacado na introdução à tradução latina, trata diretamente do problema da resolução de equações, trabalhando com *as três espécies de quantidades*: raízes (de equações), quadrados e números, o que está muito mais próximo do assunto estudado hoje em álgebra do que o conteúdo da obra de Diofanto, esta compreendendo basicamente as noções de teoria dos números. Credite-se, porém, a Diofanto, entre outras concepções, o largo uso de abreviaturas em seu texto, uma vez que, embora abreviaturas não constituam por si só uma simbologia algébrica, a ideia certamente inspirou os progressos posteriores nesse sentido.

A existência de problemas algébricos data, no entanto, de pelo menos 2000 a.C., conforme se verifica no papiro de Amés, onde há vários problemas do tipo.

Além de al-Khwarizmi, o mundo produziu durante a Idade Média, sua idade áurea, muitos outros matemáticos que se fizeram responsáveis por grandes avanços no desenvolvimento da álgebra, podendo-se destacar os já citados Brahmagupta, Báskara e Omar Khayyam. Este último escreveu um livro chamado *Álgebra*, no qual discute a resolução de equações cúbicas, além de introduzir um método geométrico para a resolução das de segundo grau.

Cacildo Marques

É pelo tempo de Omar Khayyam que Sevilha, na Espanha, torna-se o grande centro de traduções das obras científicas árabes, muitas das quais, sendo de origem helenística, foram escritas originalmente em língua grega, e acabaram chegando até nós através da língua dos invasores da Península Ibérica. Deve-se notar que Alexandre fundara Alexandria no Egito, portanto, no que seria o Islão, e que na Europa, após a adoção do cristianismo, o desenvolvimento da ciência passou a ser desestimulado, ou mesmo coibido, tendo Tertuliano (160-220) afirmado que a pesquisa científica se tornara supérflua após o surgimento do Evangelho.

Contudo, séculos mais tarde, homens inconformados com a estagnação, muitos deles na própria Igreja, começaram a alterar a situação, com a retomada da investigação científica.

Pode-se afirmar que a primeira figura verdadeiramente expressiva a surgir dentro da história da Matemática feita na Europa foi Leonardo de Pisa, o Fibonacci ("filho de Bonaccio"). O *Liber abaci* é a obra célebre onde ele introduziu métodos algébricos que vêm sendo utilizados desde então. Entre as ideias adotadas por Fibonacci, e que representavam grande avanço para a época, estava o uso de algo equivalente ao que se chama hoje de números negativos: a ideia de "dívida". Números positivos seriam "crédito" e negativos, "dívida". Uma contribuição que é conhecida por todas as pessoas que cursam o segundo ano primário é o processo prático para a multiplicação de dois números.

Ainda no século XIII, em que viveu Fibonacci, um outro estudioso deu uma significativa contribuição à Matemática com um livro chamado *Arithmetica*. Trata-se de Jordanus Nemorarius, que deixou trabalhos em Geometria e Astronomia. A ele se deve a formulação correta da lei do plano inclinado, da Física, que hoje é escrita na forma $F = P*sen(q)$. A importância maior para a Álgebra na obra *Arithmetica*, de Jordanus, é a de ele usar ali letras para indicar números, ao contrário dos trabalhos de Fibonacci, que usava já algarismos indo-arábicos, mas sem representação literal, e da *Al-jabr* de al-Khwarizmi, toda escrita "por extenso".

Panorama da Matemática

Tempos depois, surgem dois importantes matemáticos que vêm retomar, no século XIV, o estudo da teoria das proporções, iniciado na antiguidade por Eudóxio de Cnido (408-355 a.C.), o discípulo de Platão que lançou a hipótese das esferas concêntricas nos estudos astronômicos. São eles Thomas Bradwardine, o Doctor Profundus, inglês que viria a se tornar arcebispo de Canterbury, e Nicole Oresme (1323-1382), estudioso francês que, também seguindo a carreira eclesiástica, veio a ser o Bispo de Lisieux. Embora o primeiro tenha escrito, entre outras obras, uma *Arithmetica* e uma *Geometria*, a contribuição maior desses dois homens está mais no desenvolvimento da Análise que no da Álgebra propriamente dita.

No início do século XV, nasce Nicolau de Cusa (1401-1454), que na carreira eclesiástica atingiu o posto de cardeal. Abordou problemas matemáticos baseado em sua doutrina da *concordância dos contrários*, mas sua estratégia não rendeu bons frutos. A importância de seu nome para a Matemática está no fato de ter ele chamado a atenção para a observação de que a palavra *mensura* deriva de *mens*, de modo que o saber deve ser fundamentado na ideia de medida. Tenha tido ou não razão, o certo é que, desde essa época, a ciência tem seguido essa recomendação.

O número de ouro

A obra matemática mais conhecida na Europa dos fins do século XV é a *Summa de arithmetica, geometria, proportione et proportionalitate*, do frade Luca Pacioli (1445-1514). Esta é tida como a primeira obra impressa de Álgebra e era já escrita em vernáculo. Mais tarde, Luca Pacioli publica *De divina proportione*, uma obra sobre polígonos na qual ele trata, entre outras coisas, da secção do segmento que será chamada depois, por Leonardo Da Vinci (1402-1519), de "secção áurea".

É conveniente parar um pouco nesta questão de razão áurea. O termo *razão áurea*, introduzido por Da Vinci, serviu certamente para laicizar o conceito que o frade antes havia batizado de *divina proporção*.

Cacildo Marques

Tome-se numa régua graduada de um metro o ponto correspondente à medida 61,8 cm, ou 0,618 m. Este é o chamado *ponto de ouro*, o ponto que divide o segmento em dois outros segmentos segundo a razão áurea. O *número de ouro* é, na realidade, um número irracional, que é aproximado pelo número racional 0,618.

Qual é, enfim, a importância desse número? Por que *divina proporção*? Por que *razão áurea*? Para a resposta a estas questões basta a explicitação do significado geométrico do *ponto de ouro*.

Dado um segmento AC, o ponto B entre A e C produzirá a secção áurea em AC quando o segmento menor resultante dessa divisão (suponhamos que seja BC) estiver para o segmento maior (AB) assim como o segmento maior estiver para o original AC. No exemplo da régua de 1 metro, tem-se que 0,382/0,618 é aproximadamente igual a 0,618/1. O valor 0.382 é a subtração 1 - 0.618.

Para o cálculo do número irracional que representa exatamente a razão áurea, e que aí aproximou-se por 0,618, basta tomar um segmento de medida 1 e dividi-lo em dois segmentos cujas medidas sejam **x** e a diferença entre o todo e **x**, 1-x. Para que **x** seja a medida do segmento áureo deve valer a proporção $(1-x)/x = x/1$, i.e., o segmento menor está para o maior assim como o maior está para o todo. Esta equação terá a forma geral $x^2-x+1=0$, após uma multiplicação "em cruz", e, das duas raízes que a fórmula de Báskara fornece, dada por $x=(-b\pm\sqrt{(b^2-4ac)})/(2a)$, para $ax^2-bx+c=0$, a raiz positiva terá o valor $(\sqrt{5}-1)/2$, que é aproximado por 0,618.

É costume também tratar a proporção fazendo a divisão do maior pelo menor. Neste caso obtém-se como número áureo a constante ϕ (fi), dada por $\phi = 1,618$.

A razão áurea chamou a atenção de Da Vinci não só pelo seu significado geométrico singular, mas também porque é uma razão muito presente na natureza. Isto porque em muitas situações duas medidas são tão mais harmoniosas entre si quanto mais se aproximarem dessa razão. Apenas um exemplo já ilustra a afirmação: um rosto humano, medido desde o queixo até o início do couro cabeludo, deve ter os olhos numa altura que corresponde ao ponto de

Panorama da Matemática

ouro dessa extensão. Não é harmonioso o rosto em que isto não se observa. Também nas construções humanas em que se tenha de utilizar retângulos, os mais indicados são quase sempre aqueles em que o quociente entre os lados seja a razão áurea. Ainda um fato notável: um lado na ponta de um pentágono regular estrelado (estrela de cinco pontas) é exatamente o segmento menor da divisão áurea do segmento que vai de uma ponta a outra da estrela. Por curiosidade, o ponto de ouro do ano cai no dia 13 de agosto, e o ponto de ouro de um mês de 30 dias cai na tarde do dia 18.

Não há dúvida de que se nos depararmos com uma coisa que meça, de forma não deliberada, 61,8% de outra que esteja próxima, então estamos diante de algo muito caro à sensibilidade.

A equação cúbica

Uma fórmula para a resolução da equação de terceiro grau é publicada pela primeira vez por Girolamo Cardano, na sua *Ars magna*, em 1545. Mas não só a resolução da equação de terceiro grau é publicada aí, como também uma solução para a de quarto grau, a qual é atribuída a Ludovico Ferraro (1522-1565). A resolução da de terceiro grau, que Cardano diz ter encomendado a Niccoló Tartaglia (1500-1556), pertence, segundo se constatou depois, a um professor da Universidade de Bolonha, a mais antiga universidade da Europa, chamado Scipione del Ferro (1465-1526).

Tempo de símbolos

A notação que hoje usamos em Álgebra tem sua origem quase que inteiramente no século XVI. O alemão Michael Stifel (1487-1567), em sua *Arithmetica integra*, introduz os sinais "+", e "-" em lugar dos símbolos italianos *p* e *m* (de *plus* e *minus*). O inglês Robert Recorde (1510-1558) publicou em 1557 *The whetstone of witte* (pedra de amolar), onde introduz o sinal "=". Consta que François Viète é o criador do símbolo para a raiz, "√", como uma estilização do r minúsculo, e é quem utiliza pela primeira vez letras para representar parâmetros numa equação. Até ali, letras eram usadas, em equações, apenas para representar a incógnita, ou *a coisa*, como era chamada. Viète usou vogais para representar termos desconhecidos e consoantes para as quantidades que por suposição se conheçam os valores. Posteriormente, Descartes adotou um outro critério, utilizando as últimas letras do alfabeto para incógnitas e as primeiras para valores conhecidos, conforme se vê ainda hoje na forma geral da equação do segundo grau, $ax^2+bx+c=0$. Thomas Harriot (1500-1621), que, como Albert Girard (1590-1633), descobriu as relações entre coeficientes e raízes de uma equação, introduziu os símbolos ">" e "<" para *maior que* e *menor que*, respectivamente, ao passo que William Oughtred (1574-1660) forneceu o sinal "x" para a multiplicação. O sinal ":" para a divisão, bem mais recente, é devido a Leibniz.

Os próximos impulsos no desenvolvimento da Álgebra foram dados principalmente por Euler, que continuou em teoria dos números alguns trabalhos iniciados por Fermat e deixou, entre várias sugestões de notação, o símbolo *i* para número imaginário, num texto de 1777, substituindo a raiz quadrada de -1, conforme concebida no século XVI por Rafael Bombelli (1526-1573 aprox.), e Gauss, que em sua tese de doutoramento demonstrou que o grau de uma equação polinomial de coeficientes reais coincide com o número de suas raízes no conjunto C dos números complexos, os números da forma a+bi, ou (a, b), com **a** e **b** em R. Esse teorema foi proposto já por D'Alembert (1717-1783), que não o demonstrou.

Um importante feito de Gauss na teoria dos números, que ele dizia ser a rainha das Matemáticas, é o das *congruências módulo n*. Seguindo a notação introduzida por ele, em uso corrente, $x \equiv p(\mod n)$, o que se lê "**x** é congruente a **p** módulo **n**", significa que **x** é um número que dividido por **n** tem resto igual a **p**. Fixados **n** e **p**, haverá, é claro, infinitos valores para **x**.

Panorama da Matemática

O desenvolvimento da álgebra abstrata

No início do século XIX, nasce na Noruega uma pessoa que em apenas 26 anos de existência viria deixar marcas notáveis na história da Álgebra. Niels Henrik Abel (1802-1829) produziu, entre outros trabalhos, a primeira demonstração rigorosa da irresolubilidade das equações quínticas através de radicais. Abel elaborou este célebre teorema quando contava 19 anos de idade, um ano depois de ter-se tornado arrimo de família, o que, aliado à sua difícil situação financeira, deve ter contribuído para a sua morte prematura por tuberculose. Dois dias depois de sua morte, uma carta foi-lhe enviada pela Universidade de Berlim avisando-o da sua nomeação para um posto de professor de Matemática.

Abel dedicou-se também ao estudo do que se chama hoje de *estrutura de grupo* e, em sua homenagem, os grupos comutativos são chamados *grupos abelianos*. Um conjunto tem estrutura de grupo quando está munido de uma operação que garante (a) associatividade, (b) existência do elemento neutro e (c) existência de um elemento inverso para cada elemento não-nulo do conjunto.

O uso da palavra *grupo* foi sugerido pelo francês Évariste Galois (1811-1832), nome central da Álgebra Moderna, que, como Abel, teve uma vida muito curta. Uma das descobertas fundamentais de Galois ('Galuá') é a de que uma equação algébrica irredutível é resolúvel por radicais se, e só se, é resolúvel o grupo das permutações de suas raízes. Este resultado confirma a prova de Abel para a irresolubilidade das quínticas e seu tratamento constitui hoje a base do que é chamado Teoria de Galois.

Filho do prefeito de Bourg-la-Reine, Galois adquiriu em casa o gosto pelo embate político, o que viria a causar-lhe, entre outros problemas, uma passagem pela prisão, por ter proposto um brinde numa reunião de republicanos em pleno regime de Louis Phillippe. Sua vida escolar deu-lhe também sérios desgostos, visto que por duas vezes foi reprovado no exame de ingresso da École Polytechnique, o que o fez decidir-se por ingressar na École Normale Supérieure. Além disso, os acadêmicos da École Polytechnique recebiam seus textos com grande desprezo. Com essa carreira atribulada, antes de completar 21 anos de idade foi desafiado para um duelo por questões sentimentais, disputando uma noiva. Um tiro nos intestinos provocou-lhe a morte.

Além de Abel e Galois, muitos outros grandes matemáticos surgiram pela mesma época e, entre os países em que isso ocorreu, a Grã-Bretanha foi berço de grandes transformações no modo de tratar a Álgebra. Despontaram, entre outros, os nomes de Sir William Rowan Hamilton (1805-1865), Augustus De Morgan (1806-1871) e George Boole (1815-1864).

A Hamilton coube a criação da primeira Álgebra a utilizar uma multiplicação não comutativa, a Álgebra dos *Quatérnions*. Sabemos que no conjunto R vale a regra a*b = b*a, sendo **a** e **b** elementos de R. Também para os números complexos (sendo **i**, unidade imaginária, a raiz quadrada de -1), a comutatividade da multiplicação continua valendo, pois (a+bi)(c+di) = (c+di)(a+bi), ou, usando a correspondência, estabelecida por Gaspar Wessel (1745-1818) e consagrada por Gauss, do conjunto dos complexos com o plano cartesiano, que é um conjunto bidimensional, (a, b)(c, d) = (c, d)(a, b), com **a**, **b**, **c** e **d** em R. Ora, durante quinze anos Hamilton procurou uma Álgebra que representasse uma generalização para a Álgebra dos complexos, mas que mantivesse as propriedades básicas da Álgebra elementar. Ocorre que ele pretendia encontrar uma multiplicação para um conjunto tridimensional, i.e., um conjunto onde os elementos fossem representados em ternas, em vez de pares como nos complexos. Não lhe foi possível dar esse passo, mas ele sentiu-se gratificado ao perceber, durante um passeio com sua mulher, que se não era possível achar uma multiplicação para conjuntos de elementos tridimensionais, o mesmo não acontecia com números em quádruplas. Hamilton notou que é possível uma multiplicação satisfatória para os quatérnions desde que se abra mão da exigência da comutatividade. Os quatérnions podem ser escritos na forma a+bi+cj+dk e a fórmula fundamental, fixada pelo canivete de Hamilton numa pedra da ponte de Brougham,

Panorama da Matemática

ainda durante o seu passeio, é $i^2 = j^2 = k^2 = ijk$.

A adoção pela primeira vez de uma multiplicação não-comutativa motivou a elaboração de muitas outras álgebras, como, por exemplo, a das matrizes, desenvolvida concomitantemente pelo matemático britânico Arthur Cayley (1821-1895) e pelos norte-americanos Benjamin Peirce (1809-1880) e seu filho Charles Sanders Peirce(1839-1914). Benjamin Peirce chegou mesmo a compor uma tabela de multiplicações para 162 tipos diferentes de álgebra. Charles Sanders Peirce mostrou depois que, de todas essas álgebras, apenas a álgebra ordinária, a dos complexos e a dos quatérnions tinham divisão definida de modo único para cada multiplicação correspondente.

A surpreendente Álgebra de Boole

Entre matemáticos ingleses, porém, outras novidades estavam por surgir. George Boole, baseado nas afirmações de De Morgan de que os sinais das operações não necessariamente precisariam indicar o seu sentido aritmético costumeiro, e também de que os símbolos algébricos não devem ter um sentido funcional predeterminado, não devendo ter, por exemplo, a obrigação de representar números, baseado nessas ideias, Boole dispôs-se a escrever uma "Álgebra da Lógica" ou um "Cálculo da Lógica", o que veio a ocorrer em 1847 com a elaboração de um volume de um pouco menos de 100 páginas intitulado *The mathematical analysis of logic*, publicado em 1848, que seria ampliado para vir a público em 1854 como *The laws of thought*. Estas duas obras, que Bertrand Russell afirma representarem o advento da Matemática Pura, dão início, de fato, à disciplina Lógica Matemática, embora seu conteúdo esteja hoje distribuído pela teoria dos conjuntos, pela chamada Álgebra Booleana e pela própria Lógica Proposicional. Boole utilizou, para representar as operações de sua Lógica, os sinais da Aritmética convencional +, -, . e :. Para representar as *classes de coisas*, que eram os elementos de sua Álgebra, usou letras latinas minúsculas.

Mudando-se agora os sinais das operações + e . pelos símbolos de Peano § e §, e substituindo-se as letras minúsculas por maiúsculas, temos nas obras de Boole praticamente toda a parte que é apresentada hoje na escola elementar como sendo a teoria dos conjuntos.

No livro The *laws of thought*, Boole apresenta, entre muitas outras surpresas, uma prova que ele afirmou ser a primeira demonstração matemática do Primeiro Princípio da Filosofia, o princípio da contradição, introduzido por Aristóteles, e que afirma que uma coisa não pode ser e não ser ao mesmo tempo. Boole representou por 1 a classe de todas as coisas (o conjunto universo, que hoje, sabemos, deve estar restrito a um contexto) e por 0 a classe que não tem elementos. Chamando de **x** uma classe qualquer, então, x.(1-x) representa o que é comum ao que está em **x** e ao que está no todo, mas sem **x**. Levando-se em conta que, nesta álgebra, a multiplicação de uma classe por si mesma é a própria classe e aplicando a propriedade distributiva, temos x.(1-x) = x.1 - x.x = x - x = 0. Assim, o que há de comum entre uma coisa e a sua negação é o nada.

Na linguagem atual, faríamos isso do seguinte modo: se X está contido em A e X é não-vazio, então, X∩(A-X) = X∩A-X∩X = = X - X = ∅, i.e., a intersecção de um conjunto X com seu complementar relativamente a um dado conjunto A é o vazio.

Boole deixou trabalhos também em outros ramos da Matemática, como, por exemplo, em equações diferenciais. Sobre Probabilidades é a segunda parte do *The laws of thought*. Mas, ainda dentro de sua *Álgebra da Lógica*, outros vieram a continuar sua obra e um dos resultados conhecidos são as chamadas Leis de De Morgan, descobertas de modo independente por De Morgan e Benjamin Peirce: se X e Y são subconjuntos de um conjunto A, então (a) o complementar da união de X e Y é a intersecção dos complementares de X e complementares de X e de Y e (b) o complementar da intersecção de X e Y é a união dos complementares de X e de Y. Simbolicamente, $(X \cup Y)^c = X^c \cap Y^c$ e $(X \cap Y)^c = X^c \cup Y^c$.

Die lineale auderungslehre, ein neuer zweig der mathematik (a teoria da extensão linear, um novo ramo da matemática) é o livro que surgiu na Alemanha por essa época, de autoria de Hermann Grassmann (1800-1877), que é por esse trabalho reconhecido hoje como o

Panorama da Matemática

fundador da Álgebra Linear. Tempos mais tarde, o físico norte-americano Josiah Welleard Gibbs (1839-1903) publicou *A vector analysis*, introduzindo a Álgebra Linear a três dimensões.

As bases da Álgebra elementar

A Álgebra Elementar trata essencialmente da resolução das equações polinomiais, i.e., das equações algébricas, bem como das inequações de mesma condição. O tratamento dos problemas algébricos está sempre fundado em relações de equivalência, ou em relações de ordem, e em alguns princípios concernentes a essas relações.

Uma *relação de equivalência* existe num conjunto quando para quaisquer elementos **x**, **y** e **z** do conjunto têm-se:

(a) **x** tem a relação com **x** (reflexividade),

(b) se **x** tem a relação com **y**, então **y** tem a relação com **x** (simetria) e

(c) se **x** tem a relação com **y** e **y** tem a relação com **z**, então **x** tem a relação com **z** (transitividade).

O exemplo mais usual de relação de equivalência é a relação de igualdade, denotada por "=". Pode-se verificar, de fato, que (a) x = x, (b) se x = y, então y = x e (c) se x = y e y = z, então x = z.

Dois importantes instrumentos que possibilitam a compreensão dos primeiros passos na Álgebra são o princípio aditivo e o princípio multiplicativo. O princípio aditivo garante que se somarmos (ou subtrairmos) uma mesma quantidade aos dois membros de uma igualdade, a relação de igualdade permanece. Assim, x = p, se, e somente se, x+a = p+a. Este princípio é o que justifica passar um termo para o outro lado da igualdade, trocando o sinal. O que ocorre, na realidade, é que o mesmo termo está sendo somado (ou subtraído) aos dois membros da igualdade, o que acontece no seguinte exemplo: x+2 = 5 se, e somente se, x=5-2, i.e., x+2 = 5 se, e somente se, x+2 - 2 = = 5 - 2, que é a mesma coisa que x = 5-2. (Um modo mais sintético de enxergar a questão é pensar na operação inversa da adição, que é a subtração: 3+2 = 5 porque 3 = 5-2.)

O princípio multiplicativo, por outro lado, permite que multipliquemos (ou dividamos, caso em que ele é chamado *lei do cancelamento*) a mesma quantidade a ambos os membros de uma igualdade sem alterar a relação de igualdade. Assim, x = y equivale a ax = ay e também x = y equivale a x:p = y:p, se **p** não é zero. Com isso, temos a prática comum de fazer o elemento que está multiplicando um membro da igualdade passar para o outro membro dividindo-o (a divisão é a operação inversa da multiplicação.)

Uma *relação de ordem* é dita existir entre os elementos de um conjunto sempre que, dados quaisquer elementos distintos **x**, **y** e **z** do conjunto, (a) x≤x (reflexividade), (b) se x≤y, então não se tem y≤x (antissimetria) e (c) se x≤y e y≤z, então x≤z (transitividade), com o sinal "≤" representando "é inferior ou igual a".

O princípio aditivo vale também numa relação de desigualdade, isto é, numa relação entre dois elementos de um conjunto com relação de ordem. Já o princípio multiplicativo mantém a desigualdade com o sentido original apenas no caso em que a quantidade introduzida como multiplicador (ou divisor) é um valor positivo. Se multiplicarmos uma quantidade negativa aos dois membros de uma desigualdade, o sentido da desigualdade se inverterá. Por exemplo, se multiplicarmos por -1 os dois membros da expressão x≤y, teremos -y≤-x, ou -x≥-y, onde "≥" representa "é superior ou igual a". Isso fica claro tomando dois números inteiros distintos. Seja a desigualdade 3≤8. Multiplicando seus dois membros por -1 ficará -3≥-8, o que é óbvio, pois -8 está bem mais abaixo de zero que -3.

Anéis e corpos

Outras noções que estão sempre sendo utilizadas na Álgebra são as propriedades das operações. Tomando como axiomatizados os conceitos de adição e multiplicação, definimos as estruturas algébricas chamadas de *anéis* e *corpos*.

Um conjunto A munido das operações de adição e multiplicação

Panorama da Matemática

tem a estrutura de *anel* sempre que: (a_1) sob a adição, A é um grupo abeliano, i.e., possui a comutatividade, a associatividade, tem elemento neutro e tem elemento oposto (operação inversa para a adição); (a_2) para quaisquer elementos **x**, **y** e **z** de A, temos (xy)z = x(yz); (a_3) para quaisquer **x**, **y** e **z** de A, temos x(y+z) = xy + xz e (y+z)x = yx + zx e (a_4) existe um elemento **e** em A tal que ex=xe=x, para qualquer **x** em A. O elemento **e**, chamado *elemento unidade*, é em geral indicado por 1.

O exemplo mais simples e mais usual de anel é o conjunto Z dos números inteiros. Também são anéis os conjuntos dos números racionais, reais e complexos. Outro exemplo utilizado é o conjunto das funções contínuas com valores reais definidos no intervalo [0, 1] da reta. Munido das operações usuais da adição e multiplicação de funções, tal conjunto é um anel.

Um *anel comutativo* é definido como o anel em que vale a comutatividade para a multiplicação, i.e., tem-se que: (a_5) para quaisquer **x** e **y** de A, xy = yx. O conjunto dos números inteiros é claramente um anel comutativo.

Um conjunto diz-se um *anel de integridade* quando é um anel comutativo, 1§0 e não tem divisores do zero. Um conjunto tem divisores do zero quando dados dois elementos **x** e **y**, tem-se xy=0 com x§0 e y§0. É claro que o conjunto dos números inteiros é um anel de integridade.

Um anel de integridade é chamado um *corpo* quando nele vale a propriedade do elemento neutro para a multiplicação, i.e., (a_6) para cada **x** de A, x≠0, existe **y** em A tal que xy = 1. O exemplo mais usual de conjunto com estrutura de corpo é o dos números racionais, de todos os valores da reta que podem ser escritos como divisão de inteiros. Um exercício muito conhecido é o de demonstrar que o conjunto dos números da forma a+b√2, com **a** e **b** racionais, é um corpo, seguido de outro que consiste em verificar-se que se **a** e **b** são inteiros o conjunto é um anel mas não um corpo. Outra prova que se pode fazer é de que no exemplo das funções contínuas, visto acima, o conjunto é um anel, mas não é um anel de integridade, por ter divisores do zero, não podendo, portanto, ser um corpo.

Algumas provas de fatos muito conhecidos na Álgebra podem ser feitas com a utilização dos recursos vistos até aqui. Sendo 0 o elemento neutro da adição e 1 o elemento unidade, podemos demonstrar que:

(i) $0x = 0$ para qualquer **x** em A. Temos que $0x+x = 0x+1x = (0+1)x = 1x = x$. Assim, $0x+x = 0+x$; portanto, $0x = 0$.

(ii) $(-1)x = -x$ para qualquer **x** em A. Temos: $(-1)x+x = (-1)x+1x = (-1+1)x = 0x = 0$. Portanto, $(-1)x$ e $-x$ são a mesma coisa.

(iii) $(-1)(-1)=1$. Multiplicando ambos os lados da igualdade $1+(-1) = 0$ por -1, teremos $-1+(-1)(-1) = 0$. Agora, adicionando 1 a ambos os membros, obtemos $(-1)(-1) = 1$.

(iv) $(-x)y = -xy$. Usando (ii) e a propriedade associativa, temos que $(-x)y = ((-1)x)y = (-1)(xy) = -xy$.

(v) $(-x)(-y)= xy$. Usando (iii) e a comutatividade, vem $(-x)(-y) = (-1)x(-1)y = (-1)(-1)xy = 1xy = xy$.

Polinômios e equações

Um tipo muito utilizado de função é a que se chama de *polinômio*. Se K é um corpo, um polinômio sobre K é uma função f de K em si mesmo tal que existem elementos $a_0, a_1, ..., a_n$ de K, chamados coeficientes, para os quais:

$f(x) = a_n x^n + a_{n-1} x^{n-1} + ... + a_1 x + a_0$, qualquer que seja **x** em K.

O valor inteiro **n**, o maior dos expoentes, é chamado grau do polinômio.

Dois polinômios f e g podem ser somados e o resultado f+g é um novo polinômio. Também teremos um polinômio se multiplicarmos um elemento **c** de K por um polinômio f, resultando em cf. O produto de dois polinômios f e g, fg, será ainda um polinômio.

Entre os fatos que podem ser demonstrados a partir daí estão os seguintes: (a) no corpo K, o polinômio f tem no máximo **n** raízes, onde **n** é seu grau; (b) se f e g são polinômios com coeficientes em K, o grau de fg é a soma do grau de f com o grau de g; (c) como corolário da afirmação anterior, tem-se que o anel dos polinômios com coeficientes

Panorama da Matemática

em K é um anel de integridade, ou seja, é um anel que não possui divisores de zero; a prova desta afirmação é imediata: se f e g são não-nulos, então têm graus diferentes de zero, e como o grau de fg é a soma desses graus, fg é sempre um polinômio não-nulo; (d) vale o algoritmo da divisão de Euclides: se f e g são polinômios sobre K e o grau de g é superior ou igual a zero, então existem polinômios q e r sobre K tais que f(x) = q(x)g(x)+r(x), com o grau de r menor que o grau de g. Mostra-se que q e r são determinados de modo único. Esta decomposição vai acarretar como corolário a possibilidade de fatoração do polinômio: se f é um polinômio como definido inicialmente e está num corpo K no qual todo polinômio não-constante tem pelo menos uma raiz, então existem elementos t_1, t_2, ..., t_n e **c** em K tais que:

$$f(x) = c(x-t_1)(x-t_2)...(x-t_n).$$

Por definição, se K está contido num conjunto E, um elemento **t** de E é *algébrico* sobre K quando existe um polinômio f sobre K, não-nulo, tal que f(t)=0, i.e., **t** é raiz ou zero do polinômio f. Se **t** não é algébrico sobre K, ele diz-se *transcendente* sobre K. Assim, os números que são algébricos sobre o corpo Q, dos números racionais, são chamados *números algébricos* e os demais, *números transcendentes* (a palavra *transcendente* é uma invenção de Leibniz).

Liouville (1809-1882) foi o primeiro matemático a encontrar exemplos de números transcendentes. Hermite (1822-1901) provou em 1873 que é transcendente o número $e = \lim[1 + 1/(n+1)]^{n+1}$, para **n** tendendo a infinito. Ferdinand Lindemann (1852-1939), por sua vez, provou em 1882 que é transcendente o número π, através da demonstração de que a equação exponencial $e^{ix} + 1 = 0$ não admite solução para **x** algébrico. Ocorre que Euler havia demonstrado que esta equação é satisfeita pelo número π. Esse trabalho de Lindemann pôs fim à longa procura da *quadratura do círculo*, problema que consistia em mostrar a possibilidade da construção do quadrado com área equivalente à de um círculo dado, usando apenas régua e compasso. Este é um problema que ocupou estudiosos desde Platão, Euclides e Arquimedes até os matemáticos de 1882. Com a prova da transcendência de π, e utilizando a teoria de Galois, provou-se que com o uso de com régua e compasso é impossível fazer-se a quadratura do círculo.

Dados dois polinômios f_1 e f_2, o *máximo divisor comum* (MDC) de f_1 e f_2 é o polinômio g tal que g é divisor de f_1 e f_2 e, além disso, se b é divisor de f_1 e f_2, b é também divisor de g. Está claro que se f_1 e f_2 forem polinômios de grau zero, i.e., forem constantes, e K for um corpo numérico, tem-se aí o caso muito conhecido do máximo divisor comum de dois números.

Encontrar o *múltiplo mínimo comum* (MMC) de dois polinômios f_1 e f_2 é exibir o polinômio g tal que f_1 e f_2 são divisores de g e g é o produto do menor número possível de fatores de f_1 e f_2 tal que isso acontece. Assim, se, por exemplo, f_1 for divisor de f_2, f_2 é MMC de f_1. Se, pelo contrário, f_1 e f_2 não possuírem fatores comuns, o MMC de f_1 e f_2 será $f_1 f_2$.

Tem-se uma *equação polinomial* ou *equação algébrica* quando um polinômio f, de coeficientes não todos nulos, é igualado a zero. Os valores que satisfazem a expressão assim obtida são chamados os *zeros do polinômio* ou as *raízes* da equação.

Para a resolução de uma equação polinomial de primeiro grau, que tem a forma geral ax+b = 0, a que é aprendida já na sexta série da escola elementar, usamos apenas aqueles princípios básicos vistos acima. Se a equação apresenta denominadores, é necessário eliminá-las, e isto se faz igualando-os, através do MMC, visando encontrar frações equivalentes de mesmo denominador.

Na equação do segundo grau, cuja forma geral é $ax^2+bx+c = 0$, os princípios são os mesmos, mas os métodos são um pouco sofisticados, uma vez que aqui se faz uso dos radicais. Para a construção da fórmula resolutiva da equação do segundo grau, ou *fórmula de Báskara*, é necessário formar um trinômio quadrado perfeito num dos membros da equação, pela utilização dos princípios aditivo e multiplicativo (a ambos os lados soma-se -c, multiplica-se por 4a e acrescenta-se $+b^2$), para, em seguida, escrevendo-o na forma do quadrado do binômio, ficando com $(2ax+b)^2 = (b^2-4ac)$, extrair a raiz quadrada a ambos os membros da igualdade, o que leva à equação $2ax+b = \sqrt{(b^2-4ac)}$, que resulta na bela fórmula $x = [-b \pm \sqrt{(b^2-4ac)}]/(2a)$.

As fórmulas para a resolução das equações de terceiro grau, conforme apresentadas por Girolamo Cardano, são muito pouco práticas devido ao grande número de radicais que nelas aparecem. (A fórmula para $x^3+px = q$ fica $x = \sqrt[3]{\{(-q/2)+\sqrt{(q/2)^2+(p/3)^3}\}} + \sqrt[3]{\{(q/2)-\sqrt{[(q/2)^2+(p/3)^3]}\}}$.). Assim é que para a solução da equação geral do terceiro grau, ou equação cúbica, desenvolveu-se um processo muito mais imediato, que funciona no caso de uma raiz real da equação ser racional. Como as raízes imaginárias ocorrem sempre aos pares, é sabido que uma raiz deve ser necessariamente real. Se ela for racional, então o seu numerador será um divisor do termo a_0 da equação e seu denominador será um divisor do termo a_n. Esta é uma afirmação que geralmente é demonstrada num bom curso de Álgebra superior.

Aqui está um teorema novo sobre equações do terceiro grau: toda equação algébrica do terceiro grau cujos coeficientes formem uma progressão geométrica de razão **q** tem como raízes os números -qi, qi e -q. A demonstração é imediata. Uma *progressão geométrica*, como se sabe, é uma sequência na qual cada termo, depois do primeiro, é o produto do termo anterior por um número fixado que é a razão **q** da progressão geométrica. O nome vem do fato de que o termo médio de dois termos equidistantes na progressão é sempre a média geométrica entre eles: por exemplo, em (2, 6, 18), o termo do meio é $x = \sqrt{(2*18)} = \sqrt{36} = 6$. Recorde-se que uma *progressão aritmética* é uma sequência tal que cada termo, depois do primeiro, é o anterior somado a um valor fixo, uma alíquota **r**, ou passo. O termo do meio é a média aritmética dos dois extremos.

O Teorema Fundamental da Álgebra

A tese de doutoramento de Gauss, em Göttingen, tratou da demonstração daquela importante conjectura de D'Alembert dando conta de que uma equação polinomial de grau **n**, com coeficientes reais, tem exatamente **n** raízes no conjunto dos números complexos. Isto significa que um polinômio de coeficientes reais pode sempre ser escrito na forma fatorada $f(x) = c(x-t_1)(x-t_2)...(x-t_n)$, em que t_1, t_2, ..., t_n são valores complexos, imaginários ou não.

Por exemplo, a equação quadrática $2x^2-2x+5 = 0$ não tem raízes reais, já que o discriminante (delta) é negativo, mas tem um par de raízes complexas: 1/2 - (3/2)i e 1/2 + (3/2)i.

A indução matemática

Entre os muitos recursos que se utilizam na demonstração de teoremas, um dos mais fortes é o princípio da *indução finita*, ou *indução matemática*, que foi visto já na forma do quinto postulado da Aritmética de Peano.

Convencer-se da validade desse instrumento é muitas vezes um processo custoso e isto se deve em parte à informação, que muitas vezes nos é anterior, de que a indução mecânica é um raciocínio incorreto. Ora, a indução mecânica trata da sucessão de coisas no tempo e esta é toda a razão de sua não-validade como forma de raciocínio. Muito diferentemente, a indução matemática se ocupa de propriedades que se referem à sucessão dos números naturais, ou qualquer conjunto que lhe seja equipotente, mas sem nunca admitir o envolvimento da ideia de sucessão do tempo.

O livro *Elementos de Álgebra*, do professor Luiz Henrique Jacy Monteiro (1914-1974), apresenta um exemplo de um tipo de indução que não pode ser aceito em Matemática. Seja a expressão n^2-n+41. Substituindo aí a letra **n** pelo valor 1, obtemos o resultado 41, que é um número primo. Fazendo n=2, a expressão dá 43 que é também primo. O mesmo ocorre com n=3, n=4, n=5 e assim sucessivamente. Se formos substituindo **n** por esses valores até o número 40, estaremos quase chegando à conclusão de que n^2-n+41 deve ser primo para qualquer valor de **n**. Grande engano! Substituindo **n** pelo valor 41, teremos $41^2-41+41 = 41^2$, que é obviamente divisível por 41 e, portanto, não é primo.

Assim, verificar que uma propriedade vale para um primeiro elemento, para um segundo, um terceiro e assim por diante, até um

Panorama da Matemática

dado índice, não significa nada mais do que o fato de a propriedade valer até esse índice dado, não se tendo garantia nenhuma de que valerá para o seguinte. A indução matemática é muito diferente disso. Ao usá-la, deve-se provar apenas que a propriedade a ser verificada vale para um primeiro elemento e, em seguida, supondo-se que um elemento de índice **k** possui a propriedade, provar que o elemento seguinte, o de índice k+1, também a possui. Está então garantido que a propriedade vale para todos os elementos em questão. Mas por que não é necessário fazer a prova para o segundo elemento, depois de feita para o primeiro? Ora, quando se supôs que a propriedade vale para **k** e provou-se sua validade para k+1, estava implícito que o valor de **k** poderia ser inclusive 1 e está provado que vale para k=2. Provou-se efetivamente que a propriedade vale para qualquer elemento desde que isso ocorra com o elemento anterior.

O termo *indução matemática* foi introduzido por De Morgan, em 1838, mas o raciocínio era utilizado já por Pascal e seus contemporâneos.

Damos agora um exemplo de problema onde se usa a indução matemática. Seja a sequência de números u_n dada pela seguinte lei de formação: $u_1=1$, $u_2=1$, $u_3=u_2+2u_1$, ..., $u_n=u_{n-1}+2u_{n-2}$, ... Os primeiros números desta sequência serão: 1, 1, 3, 5, 11, 21, 43, 85, ... Observa-se, antes de mais nada, que todos os números aí devem ser ímpares. Mas pode-se demonstrar algo um pouco mais forte: que todos os números da sequência são terminados em 1, 3 e 5.

A sequência u_n deste exemplo inspirou-se na famosa sequência de Fibonacci, $f_n=f_{n-1}+f_{n-2}$, que tem origem no seguinte problema do *Liber abaci*: quantos pares de coelhos serão produzidos num ano, começando com um só par, se em cada mês cada par gera um novo par que se torna produtivo a partir do segundo mês?

Mas, para dar um exemplo do uso do método da indução matemática na demonstração de teoremas, o mais conveniente é fazer uma prova simples de um fato bastante óbvio.

Vamos demonstrar a seguinte proposição: todo número inteiro maior que 2 é menor que a metade do seu quadrado. (I) Vale para o primeiro elemento, pois 3 é menor que $3^2/2$, que dá 4,5. (II) Suponhamos que a propriedade vale para **n** então e provemos que vale para n+1. Se $n<n^2/2$, com **n** maior que 2, façamos a comparação de n+1 com $(n+1)^2/2$. Temos, de $n<n^2/2$, que $n+1<n^2/2 + 1$, o que dá $n+1<(n^2+2)/2$. Mas $(n+1)^2=n^2+2n+1$ e, como **n** é maior que 2, $n^2+2<n^2+2n+1$, ou seja, $n^2+2<(n+1)^2$. Então $n+1<(n^2+2)/2<(n+1)^2/2$. Assim, n+1 é menor que $(n+1)^2/2$.

Tentavam-se resolver, através de indução matemática, dois problemas famosos do século XVII: a conjectura de Goldbach e o último teorema de Fermat. A conjectura lançada por Christian Goldbach (1640-1764) afirma que todo número par maior que 4 é a soma de dois números primos ímpares, ao passo que o teorema de Fermat diz que na igualdade $a^n=b^n+c^n$, se **n** é maior que 2, então **a, b** e **c** não podem ser simultaneamente inteiros.

A conjectura de Goldbach continua sem solução, mas o teorema de Fermat foi demonstrado em 1995 pelo matemático Andrew Wiles, com o uso da teoria das curvas elípticas. Problemas como a conjectura de Goldbach, chamados problemas "em aberto", existem em grande quantidade na Matemática.

Vejamos agora este exemplo: entre o quadrado de um número e o quadrado de seu sucessor, a quantidade de números existentes é o dobro do número dado. Fazer essa prova através de indução matemática seria arregimentar um batalhão para matar uma pulga. Sabe-se que a quantidade de números existentes entre dois números é a diferença entre eles menos a unidade. Por exemplo, entre 16 e 9 existem 16-9-1=6 números. Assim, entre n^2 e $(n+1)^2$, **n** natural, existem $(n+1)^2-n^2-1$ números. Basta agora calcular $(n+1)^2-n^2-1$, que dá $n^2+2n+1-n^2-1 = 2n$.

Panorama da Matemática

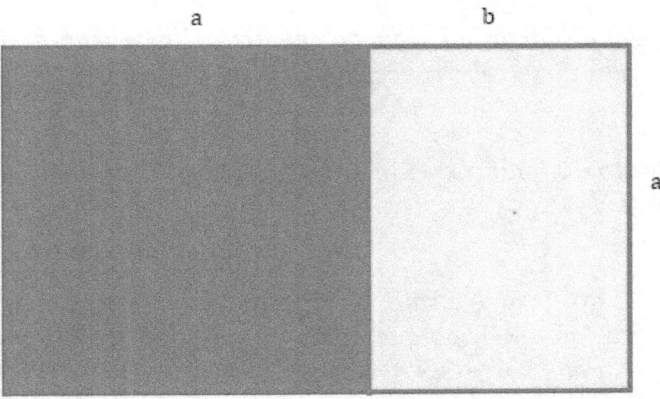

A razão áurea: $(a+b)/a = a/b$

Revisão 3

3A) Dar os primeiros quatro valores positivos da sequência da congruência módulo **n** conforme a expressão abaixo.
  a) $x = 3(mod\ 5)$
  Solução:
  3:5 = (0*5+3):5; 8:5 = (1*5+3):5; 13:5 = (2*5+3):5; 18:5 = = (3*5+3):5 (sempre somando n=5); então a sequência é 3, 8, 13, 18, ...
  b) $x = 2(mod\ 7)$ c) $x = 1(mod\ 10)$ d) $x = 2(mod\ 4)$

3B) Resolver a equação polinomial do terceiro grau abaixo, pelo algoritmo de Briot-Ruffini.
  a) $x^3 + x^2 + 4x + 4 = 0$ ({-1, -2i, +2i})
  Solução:
  (Os candidatos a raízes racionais são os números d_0/d_n, divisores do termo independente sobre divisores do primeiro coeficiente a_n, formando o conjunto C_R.)
  $C_R = \{\pm 1/1,\ \pm 2/1,\ \pm 4/1\}$. O valor x=+1 não deve ser raiz, senão a

soma dos coeficientes 1, 1, 4, 4 seria zero. Mas vamos testá-lo. **Copia-se** embaixo o primeiro coeficiente, multiplica-se pelo candidato a raiz e soma-se o resultado ao segundo coeficiente, repetindo a ideia com o valor obtido e o terceiro coeficiente, e assim por diante.

```
1   1   4   4  |+1      1   1   4   4  |+1
1   …   …   …           1   2   6   10
```

Resto 10, então x=+1 não é raiz. Vamos testar x = -1, segundo candidato.

```
1   1   4   4  |-1
1   0   4   0
```

Resto 0, x=-1 é raiz. Os coeficientes 1, 0, 4 formam equação quadrática (grau 3-1, porque aplicar a raiz x=-1 significou dividir por x+1=0, de grau 1): $x^2 + 0x + 4 = 0$.

$\Delta = b^2-4ac = 0^2 - 4*1*4 = -16 = 16i^2$; $x = (-0\pm\sqrt{(16i^2)})/(2*1) =$ $= (-0\pm 4i)/2 = \pm 2i$; $S = \{-1, -2i, +2i\}$

b) $4x^3 - 8x^2 - x + 2 = 0$ c) $x^3 + x^2 - 3x - 3 = 0$
d) $2x^3 + 3x^2 - 8x + 3 = 0$

4. TRIGONOMETRIA E LOGARITMOS: PRÉ-CÁLCULO

Dado um triângulo de vértices A, B e C, se um dos ângulos, por exemplo o ângulo **a**, formado a partir do vértice A, é um ângulo reto, ou seja, mede 90 graus, então, relativamente a cada um dos outros dois ângulos desse triângulo, podem ser definidas as *razões trigonométricas* básicas, que são o *seno*, o *cosseno* e a *tangente*, e se abreviam como senx, cosx e tgx, para um dado ângulo **x**.

Chama-se seno do ângulo **b** ao quociente do lado AC pelo lado BC, isto é, a divisão do cateto oposto ao ângulo pela hipotenusa, que é o lado maior do triângulo, tendo-se senb=AC/BC. O cosseno do ângulo **b** é definido como sendo o quociente do cateto adjacente ao ângulo, o lado AB, pela hipotenusa, BC, ficando cosb=AB/BC. A tangente do ângulo **b**, por sua vez, é a razão entre o cateto oposto e o cateto adjacente ao ângulo, i.e., tgb=AC/AB, que coincide com o quociente das duas razões anteriormente definidas, seno e cosseno, pois, (AC/BC)/(AB/BC) = = AC/AB. Assim, a tangente de **b** é dada por tgb=senb/cosb. As palavras *cateto* e *hipotenusa* significam em grego, respectivamente, *perpendicular* e *linha estendida por baixo*.

Outras razões trigonométricas são definidas em função dessas três primeiras. Temos a secante, que é o inverso do cosseno, secb=1/cosb, a cossecante, que é o inverso do seno, cossecb=1/senb, e a cotangente, definida como o inverso da tangente, cotgb=cosb/senb (isso obviamente dá cotgb=1/tgb).

Os valores do seno, do cosseno e da tangente não variam para ângulos correspondentes de *triângulos semelhantes*. Dois triângulos são semelhantes quando os ângulos de um são congruentes aos ângulos correspondentes do outro, o que implica, e se prova facilmente, serem os lados do primeiro proporcionais aos lados do segundo, que é a outra exigência para que dois polígonos quaisquer semelhantes.

Cacildo Marques

A trigonometria na história

Essa noção de triângulos semelhantes tem seu primeiro registro histórico já no antigo Egito. O papiro de Amés, que apresenta essa ideia, pede no seu problema número 56 o cálculo de um *seqt*, palavra que correspondia ao que chamamos hoje de *cotangente*. Também os antigos babilônios deixaram registro de uso de noções trigonométricas.

Na Grécia, Aristarco de Samos (310-230 a.C.), que segundo seu contemporâneo Arquimedes, propôs um sistema heliocêntrico para o universo, foi o primeiro a utilizar noções de trigonometria, que eram um instrumento para os seus cálculos astronômicos. O poeta Eratóstenes de Cirene (276-194 a.C.), bibliotecário de Alexandria e autor do conhecido processo para encontrar números primos, o Crivo de Eratóstenes, também lançou mão da trigonometria para fazer a sua famosa medida da circunferência da Terra. mas o homem conhecido como *o pai da trigonometria* surge um pouco depois. Trata-se do astrônomo Hiparco de Niceia (180-125 a.C.), autor da primeira tabela trigonométrica, constituída de medidas de cordas (segmentos que unem dois pontos de uma circunferência).

Vimos que as medidas trigonométricas mantêm-se constantes para triângulos semelhantes. O fato sugere o uso de um triângulo com hipotenusa unitária, uma vez que esse lado aparece como denominador tanto no cálculo do seno como no do cosseno. Mais do que isso, a variação da medida do ângulo formado entre a hipotenusa e o cateto adjacente sugere uma circunferência em que a hipotenusa é o raio, daí a ideia de se trabalhar em trigonometria com uma circunferência de raio 1. Entre os árabes, esse era um tratamento muito comum já no século X, como atesta a obra de Abu'l Wefa (940-988). Por essa época já era comum também a noção de tangente, enquanto que uma tabela de senos já se achava em uso na Índia desde o século V.

A palavra *seno*, segundo consta, é fruto de um erro de tradução. Robert de Chester, ao traduzir a *Álgebra* de Al-Khwarizmi, fez corresponder ao termo *jiba* a palavra latina *sinus*, que significa enseada,

Panorama da Matemática

ou baía, por confundir a palavra *jiba*, que vem do indiano *jiva*, significando *meia-corda*, com a palavra *jaib*, que em árabe significa *baía*. O erro, porém, ficou minimizado pelo fato de a palavra *sinus* ter um outro sentido que é uma ideia geométrica: *sinus* significa também *curva*. Já as palavras *tangente* e *secante* vêm das noções geométricas designadas por essas palavras latinas, *tangente* significando "que tange" e *secante*, "que corta".

A retomada do interesse pela trigonometria na Europa dá-se com Regiomontanus, mas a obra que chama a atenção por esse termo é o *De lateribus et angulis triangulorum*, de Nicolau Copérnico (1473-1573).

As relações fundamentais da trigonometria

Uma relação muito conhecida, a de que o seno de um ângulo é igual ao cosseno do seu complementar, ou seja, senx= =cos(90° - x), tem uma demonstração imediata. É suficiente tomar o ponto D, exterior ao triângulo, de modo que BD seja paralelo a AC e CD seja paralelo a AB. O ângulo CBD no retângulo formado é o complemento de B. Como o cosseno desse ângulo é BD/BC, com BD congruente a AC, este cosseno será igual ao seno de B, AC/BC, i.e., cos(90° - B) = senB. Ora, o cosseno desse complemento é BD/BC, mas como BD e AC são congruentes, temos BD/BC=AC/BC, i.e., cos(90° - B) = = senB.

A primeira *relação fundamental da trigonometria*, dada por sem^{2}x+cos^{2}x = 1, é a própria relação de Pitágoras, escrita em termos de razões trigonométricas. O teorema de Pitágoras diz que num triângulo retângulo o quadrado da hipotenusa é igual à soma dos quadrados dos catetos. Assim, se a hipotenusa mede **a** e os catetos medem **b** e **c**, a relação é a^2 = b^2 + c^2. Dividindo-se os dois membros dessa igualdade pelo quadrado da hipotenusa, temos a^2/a^2 = b^2/a^2 + c^2/a^2 ou (b/a)^2+ (c/a)^2 = 1. Mas esta é exatamente a relação sem^{2}x+cos^{2}x=1, para um certo ângulo **x** do triângulo dado, o ângulo que tem seno b/a e cosseno c/a.

As outras quatro relações fundamentais são as seguintes:

tgx = senx/cosx, secx=1/cosx, cossecx=1/senx e cotgx=cosx/senx.

As razões trigonométricas são funções, mas são *funções periódicas*, uma vez que a cada vez que o raio varre 360 graus, medida angular da circunferência, o valor se repete. Isto significa que se quisermos mostrar que y=senx é uma função, o valor de **x** deve-se restringir ao intervalo [x, x+360º], para qualquer **x** em B, ou [x, x+2π], pois 2π radianos correspondem a 360 graus. Em geral, trabalhamos com arcos variando dentro do intervalo [0, 2π].

A trigonometria hiperbólica

A hipérbole dada pelas funções coshx = $(e^x-e^{-x})/2$ e tghx = $(e^x-e^{-x})/(e^x+e^{-x})$ apresenta várias relações que são análogas às relações entre as funções senx, cosx e tgx, por isso essas funções são chamadas funções trigonométricas hiperbólicas, e compõem a chamada *trigonometria hiperbólica*.

A primeira relação fundamental $sem^2x+cos^2x=1$ e a relação decorrente $sec^2x-tg^2x=1$ têm como análogas na trigonometria hiperbólica as expressões $cosh^2x-senh^2x = 1$ e $sech^2x+tgh^2x = 1$, respectivamente.

A relação entre as funções seno, cosseno e tangente e suas congêneres hiperbólicas é dada pelas fórmulas: (a) senz = -isenh(iz), (b) cosz=cosh(iz) e (c) tgz=-itgh(iz). O número **z** aí é um número complexo.

A trigonometria esférica

Um terceiro tipo de trigonometria é a que se define para os triângulos esféricos, os triângulos traçados na superfície de uma esfera e que têm como propriedade fundamental a relação A+B+C > 180º, sendo A, B e C os vértices do "triângulo". As funções da *trigonometria esférica*, seno, cosseno, tangente, etc., não são apenas funções dos ângulos não-retos do triângulo de vértices A, B e C, mas são também funções dos catetos e da hipotenusa. Assim, é costume

Panorama da Matemática

denotar os ângulos por letras maiúsculas e os catetos e hipotenusa pelas minúsculas correspondentes.

Em oposição à trigonometria hiperbólica e à trigonometria esférica, aquele primeiro tipo de trigonometria, visto acima, recebe a denominação de *trigonometria plana*.

Os logaritmos

A primeira obra impressa sobre *logaritmos* surgiu na Escócia em 1614 com o título de *Mirifici logaritmorum canonis descriptio* e fora escrita pelo Barão de Murchiston, John Napier (1550-1617), também chamado Néper. A ideia de logaritmo surgiu também, de forma independente, na obra do suíço Jobst Bürgi (1552-1632), mas apesar de evidências de ter sido Bürgi o primeiro a desenvolver a ideia, este publicou sua obra somente seis anos depois de ter aparecido a *Descriptio* de Napier. A palavra *logaritmo*, aliás, é uma criação de Napier, que a formou pela junção das palavras *logos* (razão, no sentido de entendimento) e *arithmós* (número).

Na formulação atual, o logaritmo é visto como uma função e, assim, é definido como sendo a função inversa da exponencial. Para a função exponencial $x=a^y$ temos que $x=a^y$ se, e somente se, $\log_a x=y$, que se lê: logaritmo de **x** na base **a** é igual a **y**. De modo mais simbólico escrevemos: $x=a^y \Leftrightarrow y=\log_a x$. Quando $y = 0$, a exponencial $x=a^y$ dá 1 e assim o logaritmo de 1 é sempre 0, e isto em qualquer base maior que zero e diferente de 1 (exige-se sempre que a base **a** não seja 1 nem negativa, pois não dá sentido). Se a base é *e*, o logaritmo é chamado logaritmo natural ou logaritmo neperiano, pois o valor que Napier usava é um número muito próximo de *e* ($e=2,71828...$). Costuma-se denotar $y=\log_e x$ por $y= \ln x$.

Para calcular o logaritmo de um número numa base dada, uma técnica é escrever a expressão na forma exponencial e então resolvê-la. Assim, para calcular o valor de $\log_2 16$ faz-se: $\log_2 16=y$ equivale a $2^y=16$ (a base é mantida), que equivale a $2^y=2^4$, portanto, $y=4$ (corta-se a base 2).

Cacildo Marques

Outro modo de fazer o cálculo é lançar mão de alguns resultados básicos, como $\log_a 1 = 0$, o que já foi demonstrado há pouco, e $\log_a a = 1$ (pois $a^y = a$ equivale a $a^y = a^1$, o que dá $y=1$), sempre com $a>0$ e $a \neq 1$, ou das *quatro propriedades operatórias*, que são: (l_1) $\log_a(uv) = \log_a u + \log_a v$ para quaisquer $u>0$ e $v>0$, pois, $x = \log_a u$, $y = \log_a v$ e $w = \log_a(uv)$ implicam $a^x = u$, $a^y = v$ e $a^w = uv$, logo, $uv = a^x a^y = a^{x+y}$, mas $a^{x+y} = uv$ equivale a $\log_a(uv) = x+y$, isto é, $\log_a(uv) = \log_a u + \log_a v$; ($l_2$) $\log_a(u/v) = \log_a u / \log_a v$ e a demonstração é análoga à da propriedade anterior; (l_3) $\log_a x^p = p \log_a x$ para qualquer **x** positivo e qualquer **p** em R, pois, se $u = \log_a x^p$ e $v = \log_a x$, temos $a^u = x^p$ e $a^v = x$, implicando $(a^v)^p = x^p$, mas como $x^p = a^u$ e $(a^v)^p = a^{vp}$, vem $a^u = a^{vp}$ que é equivalente a $u = vp$, e, como $u = \log_a x^p$ e $v = \log_a x$, temos $\log_a x^p = p \log_a x$; (l_4) $\log_b x = \log_a x / \log_a b$, com demonstração muito simples, mas um pouco comprida, que aqui se omite. Estas quatro propriedades são chamadas *logaritmo do produto, logaritmo do quociente, logaritmo da potência* e *mudança de base*, nesta ordem.

Seja agora calcular $\log_3 81$ usando as propriedades do logaritmo. Temos: $\log_3 81 = \log_3 3^4 = 4\log_3 3 = 4.1 = 4$.

Quando o logaritmando, o valor cujo logaritmo se quer calcular, não pode ser escrito facilmente como uma potência de base igual à base do logaritmo, aí recomenda-se consultar uma tabela ou usar uma calculadora, financeira ou científica.

A propriedade do logaritmo do produto, que se julga ter sido a razão da criação dos logaritmos, é um recurso de enorme valia nos cálculos em geral e que mesmo após a aposentadoria da régua de cálculo, observada nos anos 70 do século XX, continua sendo utilizada nas atuais máquinas de computação e também no cálculo manual.

Mais dois resultados básicos importantes são a potência da base e a injetividade da função logarítmica. Temos: (a) $x = a^{\log_a x}$, para **x** maior que zero, com demonstração imediata, pois, se $y = \log_a x$, então $a^y = x$, pela definição, e $a^y = x$ é equivalente a $a^{\log_a x} = x$; (b) $\log_a u = \log_a v \Leftrightarrow u = v$, que é consequência imediata do fato de ser injetora a função exponencial.

A propriedade de mudança de base permite que se calcule, por exemplo, logaritmos neperianos a partir de uma tabela de logaritmos

Panorama da Matemática

decimais, usando-se o coeficiente de transformação, que é de 2,302... Desse modo, tem-se a fórmula:

$\log_e x \approx 2{,}302 \cdot \log_{10} x$.

O coeficiente 2,302 nada mais é que a aproximação do logaritmo natural de 10. Pois, pela aplicação direta da fórmula de mudança de base, o que se tem é: $\log_{10} x = \log_e x / \log_e 10$.

Costuma-se dispensar o uso da escrita do número 10 na base dos logaritmos decimais, de modo que $\log_{10} x$ é escrito simplesmente como logx. O logaritmo na base *e*, como já vimos, escreve-se na forma lnx.

Conhece bem os logaritmos quem sabe manejar a definição ($\log_a x = y \Leftrightarrow a^y = x$) e as quatro propriedades [**i.** $\log_a(uv) = \log_a u + \log_a v$, **ii.** $\log_a(u/v) = \log_a u - \log_a v$, **iii.** $\log_a x^p = p \log_a x$, **iv.** $\log_b x = \log_a x / \log_a b$], pois trabalhar com equações logarítmicas e usar a tabela de logaritmos decimais depende de conhecimentos básicos de Álgebra e Aritmética. O problema não será o conhecimento de logaritmos.

Uma questão que por muito tempo intrigou os matemáticos é a do valor do logaritmo dos números negativos. D'Alembert, assim como Jean Bernoulli (1667-1748), estava convencido de que esse valor era um número real. Euler, enfim, veio provar o contrário. Da fórmula $e^{ix} = \cos x + i \operatorname{sen} x$ resulta $e^{i\pi} = -1$ e, como $\ln(e^{i\pi}) = \pi i$ (propriedade iii), tem-se $\ln(-1) = \pi i$, produto do número π pela unidade imaginária.

Quem consultar uma tabela de logaritmos decimais encontrará apenas os valores dos logaritmos de números que vão de 1 até 10. É que a propriedade do logaritmo do produto torna desnecessária a inclusão na tabela dos logaritmos dos demais valores. Se se procurar, por exemplo, o logaritmo do número 425, o valor encontrado será o do logaritmo de 4,25, embora o número escrito lá esteja sem vírgula. O valor do logaritmo de 425 será o valor de log4,25 mais o valor de 10^2, pois $\log 425 = \log(4{,}25 \cdot 10^2)$. Mas o logaritmo de uma potência de 10 é sempre o expoente de potência, ou seja, $\log 10^2 = 2 \log 10 = 2$, $\log 10^3 = 3 \log 10 = 3$, ..., $\log 10^n = n \log 10 = n$, assim, não se necessite de uma tabela com esses logaritmos.

No valor de um logaritmo, as casas decimais escritas depois da vírgula formam a parte chamada *mantissa*. A mantissa é, portanto, um número que está entre 1 e 10, de modo que a tabela de logaritmos é uma tabela de mantissas. A parte inteira do valor do logaritmo chama-se *característica*.

Cale lembrar que o uso de uma vírgula, ou de um ponto, para separar casas decimais foi proposto pelo próprio Napier, influenciado por Simon Stevin (1548-1620), um flamengo que foi professor de Matemática de Maurício de Nassau. Stevin utilizava um sistema mais complicado, que consistia em enumerar as casas decimais do número.

A aplicabilidade dos logaritmos se faz presente sempre que se quer calcular potências relativamente grandes. Nas finanças, por exemplo, surgem com frequência cálculos como o apresentado na fórmula de montantes $M=C(1+i)^n$. Nesta fórmula, C é o capital empregado, **i** é a taxa unitária e **n** é o número de meses, ou de anos, conforme o tempo de capitalização dos juros. Seja, por exemplo, calcular o montante, ao final de dois anos, de um capital de $ 1.000.000,00 a juros de 5% ao mês, capitalizados mensalmente. A taxa de 5% escreve-se como 5 centésimos, ou 0,05 e, substituindo os valores na fórmula, temos $M=1.000.000(1+0,05)^{24}$ ou $M=1.000.000(1,05)^{24}$. Recorremos então a uma tabela para calcular o valor de $\log(1,05)^{24}$. Mas $\log x = \log(1,05)^{24} = 24\log(1,05)$, portanto, tomamos o valor de $\log(1,05)$, que dá 0,0212. Agora, $\log x = \log(1,05)^{24} \approx 24*0,0212 \approx 0,5088$ e vamos novamente à tabela para saber que valor **x** tem logaritmo igual a 0,5088, fazendo agora o caminho contrário. O valor achado será 3,23 e, assim, $\log(3,23) \approx \log(1,05)^{24}$, o que equivale a dizer que $(1,05)^{24} \approx 3,23$, pois a função logarítmica é injetora (isto é, um-a-um quando se restringe o conjunto-de-chegada ao conjunto-imagem: logu=logv equivale a u=v). Tendo agora o valor da potência, podemos calcular o montante, que será $M=1.000.000(1+0,05)^{24} \approx$ $\approx 1.000.000*3,23=3.230.000,00$. (A separação com o ponto usa-se apenas para valor monetário.)

Vejamos outro exemplo, para reforçar a ideia. Agora aplicamos $ 8.000.000,00 com juros compostos de 5% ao mês, por um período de três anos (36 meses). Quanto dará? Na fórmula $M=C(1+i)^n$, teremos: $M=8.000.000(1,05)^{36}$. Sendo $x=(1,05)^{36}$, temos $\log x = \log(1,05)^{36} =$

Panorama da Matemática

$36\log(1,05) \approx 36(0,0212) \approx 0,7632$. Obtivemos da tabela o valor de log(1,05). Voltando à tabela, vemos que o logaritmando que tem mantissa 0,7632 é 5,7970. Daí, $\log(5,7970) \approx \log(1,05)^{36}$, o que implica $5,7970 \S (1,05)^{36}$. Então, $M=8.000.000(1,05)^{36} \approx 8.000.000(5,7970) =$ = 46.376.000. Uma boa bolada! O problema é que aquela taxa de juros é alta demais.

Tomemos um problema ao contrário, e mais de acordo com a realidade. Estamos aplicando $10.000,00 a juros compostos de 0,4% ao mês e queremos saber quantos meses serão necessários para que o montante alcance a cifra de $16.000,00. Na fórmula $M=C(1+i)^n$, substituímos **M**, **C** e **i**, ficando com: $16.000=10.000(1+0,004)^n$. O valor de **n** é o número de meses. Teremos: $16.000/10.000=(1,004)^n$, ou $1,6=(1,004)^n$. Para achar **n**, aplicaremos logaritmos aos dois membros e usaremos a terceira propriedade, que transforma o *logaritmo da potência* num simples produto. Então: $\log(1,6)=\log(1,004)^n \Leftrightarrow \log 1,6 =$ $= n\log(1,004) \Leftrightarrow 0,20412 \approx n \cdot 0,00173$ (valores vindos de alguma tabela). Dividindo agora ambos os membros por 0,00173, teremos: $n \approx 0,20412/0,00173 \approx 117,98844 \S 118$. Basta então esperar 118 meses, ou 9 anos e dez meses.

Com base nas propriedades vistas acima podem ser feitas demonstrações dos seguintes fatos, entre outros: (1) o logaritmo de **a** na base **b** é igual ao inverso do logaritmo de **b** na base **a**, ou seja, $\log_b a = 1/\log_a b$, para a>0, b>0, a≠1 e b≠1; (2) a função logarítmica é crescente quando a base é maior que 1 e é decrescente para base entre 0 e 1; (3) o logaritmo do inverso de um número é igual ao oposto do logaritmo do número, ou seja, $\log_a(1/x) = -\log_a x$, para x>0 (o oposto do logaritmo decimal chama-se *cologaritmo* e tem-se -logx=cologx).

A geometria analítica

Por volta do ano de 1360, Nicole Oresme teve a ideia de representar funções anotando pontos sobre uma reta horizontal numerada. Oresme estava preocupado em representar graficamente a velocidade, tendo, portanto, um objetivo muito específico com essa sua técnica, mas deve-se reconhecer que ela se constituiu num prenúncio do que viria a ser a Geometria Analítica de Descartes. É certo que na antiguidade alguma coisa como um *sistema de coordenadas* já era usado por Apolônio de Perga, mas ali as coordenadas surgiam *a posteriori*, ou seja, a partir das figuras, enquanto que no caso da *latitude de formas*, de Oresme, o sistema era estabelecido *a priori*, para sobre ele virem a ser representados os pontos da relação em questão, tal qual é feito hoje.

O passo fundamental dado por Descartes, o que se imagina ter ocorrido antes de 1628, quando da sua mudança para a Holanda, esse passo consistiu basicamente na adoção de um sistema de coordenadas em que de um ponto da reta "horizontal", fixado como a origem das semirretas positiva e negativa, traçava-se uma reta "vertical" tendo origem para semirretas positiva e negativa no mesmo ponto que as da horizontal. As figuras da Geometria Plana de Descartes não seriam mais localizadas graficamente apenas numa dimensão, mas em duas. Tomando-se um ponto qualquer do plano, se a sua distância à origem pela reta horizontal, ou eixo das *abscissas*, distância que corresponde agora à distância à reta vertical, ou eixo das *ordenadas*, se essa distância é, por exemplo, 4, e se a distância à origem medida pela vertical é 5, então o ponto tem localização (4, 5) no sistema de coordenadas considerado. A um sistema de coordenadas no plano costuma-se chamar *sistema de eixos cartesianos*, numa referência a *Cartesius*, o nome latino que Descartes usava.

Quando localizamos um ponto no mapa *mundi*, através da posição em relação a meridianos e paralelos, outra coisa não estamos fazendo a não ser utilizar um sistema de coordenadas que tem como abscissa a linha do equador e como ordenada o meridiano de Greenwich.

É fato que Descartes chegou a falar, na sua *La géométrie*, de um sistema de três coordenadas, sugerindo uma Geometria Analítica no espaço, que ele mesmo não chegou a desenvolver.

A preocupação central do criador da Geometria Analítica era a de englobar Aritmética, Geometria e Álgebra num mesmo sistema, o que implicava sempre trabalhar algebricamente a Geometria, o que é de fato o escopo da disciplina inventada por ele.

A equação da reta

Uma reta terá agora, com referência a um sistema de coordenadas pré-estabelecido, uma equação, a qual poderá ser vista como uma *função*, que será chamada *linear* se passar pela origem e *afim* se interceptar os eixos coordenados fora da origem destes.

Pela Geometria Euclidiana, por dois pontos distintos passa uma e somente uma reta. Num gráfico cartesiano, dados dois pontos, uma reta está determinada e, portanto, a equação será fornecida a partir desses dois pontos.

Seguindo o costume de denotar por **x** um valor qualquer da abscissa e por **y** um valor qualquer da ordenada, façamos a equação, nessas duas variáveis da reta que passa, por exemplo, pelos pontos (4, 5) e (1, 3). É convencionado que o primeiro elemento do par é sempre um valor de **x**, i.e., da horizontal, e o segundo elemento é sempre um valor de **y**, ou seja, da vertical (horizontal e vertical referem-se aqui à posição mais usual de desenho dessas retas). A técnica que se utiliza na construção da equação da reta tem por trás o seguinte raciocínio: quaisquer dois pares de pontos (x, y) de uma dada reta devem manter entre si uma *medida de inclinação*, ou *declividade*, ou ainda um *coeficiente angular*, relativamente aos eixos coordenados, que é necessariamente a medida da inclinação da própria reta e, em segundo lugar, se a inclinação da reta é estabelecida e se se faz com que ela passe por um ponto dado, sendo esses fatos expressos algebricamente, então estará exibida a equação da reta.

Calcular a medida de inclinação da reta é descobrir a razão entre a diferença das abscissas dos dois pontos dados e a diferença das ordenadas (ou seja, dos valores na ordenada) dos mesmos dois pontos. Isto significa nada mais que calcular a tangente do ângulo agudo na base do triângulo retângulo em que a hipotenusa é o segmento limitado pelos dois pontos e os catetos são os segmentos que têm por medidas a diferença entre as ordenadas e a diferença entre as abscissas.

Se queremos calcular a declividade, duas ordenadas (pontos do conjunto de chegada numa função) não podem ter a mesma abscissa (ponto do conjunto de partida), como já foi visto. É que teríamos de dividir por zero no momento de dividir a diferença entre as ordenadas, o Δy, pela diferença entre as abscissas, o Δx.

A declividade da reta que passa pelos pontos (4, 5) e (1, 3) será m=(3-5)/(1-4), que dá m=2/3. Tomando agora um desses dois pontos e calculando a declividade da reta em relação a qualquer ponto genérico (x, y) dela, esse valor deve-se manter constante e igual a 2/3.

Escolhendo o ponto (4;5), deveremos ter m=(y-5)/(x-4) e, no caso, 2/3=(y-5)/(x-4). Ora, esta equação é efetivamente a equação da reta nas variáveis **x** e **y**, faltando apenas eliminar denominadores e parênteses para apresentá-la numa forma mais simplificada. Aplicando o MMC dos denominadores 3 e x-4 (é suficiente fazer uma multiplicação em cruz), chegaremos à equação 2x-3y+7=0, forma em que a expressão é chamada *equação geral da reta* e é representada de modo genérico por

ax+by+c = 0.

Se a ideia que se pretende frisar é a de função, então a expressão pode ser apresentada na forma chamada *equação reduzida da reta*, genericamente representada por

y=mx+q,

que em nosso caso dá y=(2/3)x+7/3.

Não é uma coincidência casual o fato de o número que aparece como coeficiente de **x** na equação reduzida ser igual ao número **m** calculado acima. Ocorre que o valor **m** da equação y=mx+q é a própria declividade da reta, ao passo que o número representado pela letra **q** indica sempre o ponto da ordenada que é interceptado pela reta e é chamado *coeficiente linear*. Assim, no exemplo que estamos utilizando, a reta corta o eixo "vertical" à distância 7/3 acima da origem.

Fica claro que uma *reta paralela* a uma reta dada de equação y=mx+q é qualquer reta de equação y=mx+q'. Dessa forma, uma das retas paralelas à do nosso exemplo é a reta y=(2/3)x+4.

Também é possível reconhecer pela equação a reta que é *perpendicular* a uma reta dada. A pista é que a declividade de uma é o oposto do inverso da declividade da outra, isto é, se uma tem declividade **m**, a perpendicular terá coeficiente angular -1/m.

É fácil fazer a demonstração disso usando trigonometria, lançando mão das fórmulas do seno da soma e do cosseno da soma de dois ângulos. Podemos provar que, se **u** e **v** são ângulos, temos cos(u-v)=cosucosv+senusenv, cos(u+v)=cosucosv-senusenv, sen(u+v)= =senucosv+senvcosu e sen(u-v)=senucosv-senvcosu. Se a reta de declividade **m** forma ângulo **u** com a abscissa, então m=tgu. Qualquer reta perpendicular a essa terá uma declividade igual a tg(u+90º), obviamente. Desenvolvendo as fórmulas de soma, teremos:

tg(u+90°)=sen(u+90°)/cos(u+90°)=cosu/(-senu)= =-1/(senu/cosu)=-1/tgu.

Temos, então, que a declividade da perpendicular será a=-1/tgu=-1/m.

Seja, por exemplo, encontrar a equação da reta perpendicular a y=(2/3)x+7/3 que passa pelo ponto (4, 5), que foi um dos pontos utilizados na construção dessa primeira reta.

De m=2/3, teremos -1/m=-3/2 e a equação será -3/2= =(y-5)/(x-4), que se apresentará como equação geral na forma 3x+2y-22=0 e, como equação reduzida, y=(-3/2)x+11.

Deve-se observar que as informações explicitamente apresentadas nos coeficientes da equação reduzida são também obtidas dos coeficientes da equação geral, embora não de forma tão imediata. Na equação ax+by+c=0, a declividade da reta será m=-a/b, enquanto que o eixo das ordenadas é interceptado pela reta na altura q=-c/b. De fato, escrevendo a equação reduzida usando esses termos, teremos y=(-a/b)x-c/b, equação que multiplicada por **b** em ambos os membros dará by=-ax-c, equivalente a ax+by+c=0, ou seja, à equação geral da reta.

Há ainda outras maneiras de se escrever a equação da reta. Além da equação geral e da equação reduzida, podemos adotar a forma da *equação segmentária*, da *equação normal* e das *equações paramétricas*.

Cacildo Marques

A equação segmentária é escrita na forma x/p + y/q = 1 e pode-se demonstrar que os valores representam respectivamente a abscissa e a ordenada da interseção da reta com o eixo das ordenadas, i.e., valem as relações (x, 0) = (p, 0) e (0, y) = (0, q).

A equação normal é obtida a partir do ângulo **u** medido com orientação positiva, ou sentido anti-horário, formado entre o eixo das abscissas e a perpendicular à reta em questão. Tomando-se **d** como a distância da origem dos eixos coordenados à reta, escreve-se a equação xcosu+ysenu-d=0.

A expressão da reta pelas suas equações paramétricas é feita tomando-se uma função para representar a abscissa e outra para representar a ordenada. Assim, a reta é descrita como
x=f(t),
y=g(t).

Por exemplo, as funções x=2t+1 e y=t-3 representam as equações paramétricas de uma reta, cuja equação geral obtém-se por eliminação da variável **t**. No caso, teremos t=y+3, implicando x=2(y+3)+1, expressão que é equivalente a x-2y-7=0. Dada uma equação geral de reta, existe uma infinidade de maneiras de escrevê-la como equações paramétricas.

O *ângulo entre duas retas* é outra informação que se pode obter pela leitura das equações. A tangente desse ângulo escreve-se apenas em função das inclinações. Sejam as retas **s** e **t** formando os ângulos w_1 e w_2, o ângulo **v** entre **t** e **s** será, em função desses, $v=w_1-w_2$. Ora, se m_1 e m_2 são as declividades de **s** e **t**, respectivamente, então, $tgw_1=m_1$ e $tgw_2=m_2$. Pelas fórmulas de seno e cosseno da diferença constrói-se a fórmula da tangente da diferença de dois ângulos, que dará $tg(w_1-w_2)$= =$sen(w_1-w_2)/cos(w_1-w_2)=(tgw_1-tgw_2)/(1+tgw_1tgw_2)$. A expressão da tangente em função das declividades será, portanto, $tgv=tg(w_1-w_2)$= =$(m_1-m_2)/(1+m_1m_2)$. Desse modo, a medida do ângulo entre s e t é igual à medida do arco cuja tangente é $(m_1-m_2)/(1+m_1m_2)$, ou $v=arctg[(m_1-m_2)/(1+m_1m_2)]$.

Para obtermos sempre o ângulo agudo entre as duas retas, devemos tomar o valor absoluto (ou seja, positivo neste caso), dessa expressão e, assim, tgv=$|(m_1-m_2)/(1+m_1m_2)|$. As duas barras usadas aí formam o *módulo* da expressão e servem para tornar não-negativo qualquer valor.

A função horária do movimento uniforme, uma expressão matemática utilizada na Física para representar o deslocamento de um objeto que está em velocidade constante, é um exemplo de uso de equação da reta. Toma-se um ponto que se desloca a partir de um marco inicial, por exemplo o marco 10 m, com velocidade constante de 15 metros por segundo. A função horária será s=10+15t. Aqui, a abscissa é o tempo t, enquanto que a ordenada vem representada pela letra **s**, o espaço percorrido. A forma geral da equação é $s=s_0+vt$.

A curva de demanda, dos economistas, é dada na sua forma mais simples por uma equação de reta (uma reta é um tipo de curva), relacionando o preço de um produto com a sua procura no mercado. A equação P=20-10q, onde **P** é o preço e **q** a quantidade, é um exemplo desse tipo de utilização da equação da reta em Economia. Salvo exceções, a declividade da curva de demanda é um valor negativo.

A circunferência e as secções cônicas

Um estudo importante dentro da Geometria Analítica é o estudo das cônicas, assim chamadas por serem as figuras geométricas que correspondem ao contorno da intersecção de um cone com um plano. Dependendo da posição em que o plano corta o cone teremos um ou outro tipo de cônica, podendo ser uma circunferência, uma elipse, uma hipérbole ou uma parábola. Consta que essas figuras, com suas primeiras propriedades, foram descobertas por Menaecmus (sec. IV a.C.), que, como Aristóteles, foi professor de Alexandre, e era reconhecido em Atenas como eminente matemático. Os nomes *elipse* e *hipérbole* foram introduzidos, nesta acepção, por Apolônio de Perga.

A equação de uma *circunferência* de raio **r** e centro (a, b) é dada pela expressão $(x-a)^2+(y-b)^2=r^2$, que é, mais uma vez, a relação de Pitágoras. A equação geral do segundo grau, nas variáveis x e y, dada por $Ax^2+2Bxy+Cy^2+2Dx+2Ey+F=0$, será a equação de uma circunferência sempre que B=0 e A=C. A equação pode ser escrita então na forma $x^2+y^2+2ax+2by+p=0$, com $p=a^2+b^2-r^2$.

No cone, a circunferência ocorre quando o plano o secciona perpendicularmente ao seu eixo.

Uma *elipse*, cuja figura é sugerida quando se olha obliquamente para uma circunferência, tem equação reduzida dada por $x^2/a^2+y^2/b^2=1$, onde **a** e **b** são, respectivamente, a metade do eixo maior e a metade do eixo menor. Essa forma de equação pressupõe que os eixos da elipse estão nos eixos coordenados, isto é, o centro coincide com a origem dos eixos cartesianos. Para elipse de centro fora da origem, centro num ponto (x_0, y_0), a equação reduzida fica $(x-x_0)^2/a^2+(y-y_0)^2/b^2=1$.

Sobre o eixo maior da elipse, e à distância $c=\sqrt{(a^2+b^2)}$ do centro O, existem dois pontos, em lados opostos da origem, chamados *focos da elipse*, que cumprem no traçado dessa figura o papel que o centro cumpre no traçado da circunferência. A própria definição de elipse é dada em termos desses focos, através da chamada *propriedade focal da elipse*, segundo a qual a soma das distâncias d_1+d_2 entre um ponto qualquer da elipse e seus dois focos é constante e sempre igual ao eixo maior, de medida 2a.

Um processo prático para se fazer o desenho de uma elipse sobre uma tábua dá uma ideia clara da definição dessa figura. Fincam-se duas tachinhas em pontos que se quer sejam os focos, prende-se então um barbante às duas tachinhas de modo que o tamanho do barbante fique maior que a distância entre elas. Fazendo-se correr o lápis ao longo da extensão do barbante, esticando-o, tem-se o traçado da figura procurada.

Quando o plano secciona completamente o cone numa direção oblíqua ao eixo deste, tem-se uma elipse.

A hipérbole é uma figura cuja equação reduzida difere daquela da elipse pelo sinal do segundo termo. Ela se escreve como $x^2/a^2-y^2/b^2=1$.

Diferentemente da circunferência e da elipse, a hipérbole, no sistema de eixos cartesianos aparece com dois ramos, com aberturas para lados opostos. Nisto está situada a *propriedade focal da hipérbole*, que coincide com a definição dessa figura. A equação dada acima considera que o eixo da hipérbole é o eixo das abscissas e, assim, os dois focos, equidistantes do centro O, bem como dos dois vértices, também equidistantes do centro, porém mais próximos deste que os focos, estão todos sobre o eixo das abscissas. Sendo **a** a distância de cada vértice ao centro, a hipérbole se define como o lugar dos pontos cujas distâncias aos dois vértices têm diferença igual ao dobro de **a**. Assim, se para um ponto M as distâncias aos focos são d_1 e d_2, então M está na hipérbole sempre que $|d_1-d_2|=2a$.

Duas retas que passam pela origem e aproximam-se dos ramos da hipérbole à medida que os pontos considerados tendem para infinito são chamados assíntotas da hipérbole.

Um ramo da hipérbole é obtida no cone quando o plano o secciona numa direção paralela à do eixo.

Uma parábola é uma figura por demais conhecida, pois na prática é, aproximadamente, a curva descrita por um objeto que é atirado obliquamente para o alto. A definição da parábola, sua propriedade fundamental, é dada considerando-se que o eixo da parábola coincide com o eixo das abscissas e o seu vértice esteja na origem do sistema de coordenadas. Dado um ponto F, com abscissa positiva, e um ponto simétrico a F por onde passa uma reta perpendicular ao eixo, chamada *diretriz*, a parábola que tem F como foco será o lugar dos pontos cujas distâncias à diretriz e ao foco são iguais, sendo a distância de um ponto a uma reta a medida do segmento que une o ponto à reta, perpendicularmente a ela.

Da fórmula da distância entre dois pontos, que é também uma versão analítica da relação de Pitágoras, e é dada por $d=\sqrt{(x-m)^2+(y-m)^2}$, para dois pontos quaisquer (x, y) e (m, n), surge a *equação reduzida da parábola*. Tomando-se como p/2 a abscissa do foco F, significando isso que p/2 é também a distância da diretriz à origem, os pontos (x, y) que pertencem à parábola verificam a relação $\sqrt{(x-p/2)^2+y^2}=|x+p/2|$, expressão que resulta, elevando-se ambos os membros ao quadrado, em $y^2=2px$, que é a equação procurada.

Uma parábola com eixo vertical, a conhecida função quadrática, tem equação dada por $y=ax^2+bx+c$.

No cone, a parábola surge quando o seccionamos com o plano numa direção paralela à reta geratriz (reta comum entre o cone e um plano que o tangencia).

As superfícies no espaço

A Geometria Analítica no espaço tridimensional, em que à abscissa X e à ordenada Y acrescenta-se um eixo perpendicular Z, conta com superfícies correspondentes a essas cônicas do plano. São as superfícies chamadas *esfera*, *elipsoide*, *paraboloide* e *hiperboloide*, que têm equações reduzidas dadas por $x^2+y^2+z^2=a^2$, $x^2/a^2+y^2/b^2+z^2/c^2=1$, $z=x^2/a^2+y^2/b^2$ e $x^2/a^2+y^2/b^2-z^2/c^2=1$, respectivamente. Há dois tipos de paraboloides, assim como há dois tipos de hiperboloides. As equações vistas acima são do paraboloide elíptico e do hiperboloide de uma folha. O outro tipo de paraboloide, o paraboloide hiperbólico, tem equação $z=x^2/a^2-y^2/b^2$, enquanto que o hiperboloide de duas folhas se expressa como $x^2/a^2+y^2/b^2-z^2/c^2=-1$.

Além da equação da reta, podem ser dadas ainda, no espaço tridimensional, as equações do *plano*, do *cone* e do *cilindro*. A equação geral do plano será $ax+by+cz+d=0$, enquanto que uma reta, como é sempre intersecção de dois planos, pode ser expressa, entre outras formas, pelas equações destas. Assim, $ax+by+cz+d=0$ com $mx+ny+pz+d=0$ representam uma reta, desde que os planos não sejam paralelos, caso em que os coeficientes do segundo são os do primeiro multiplicados por um fator **k**. Um cone, por sua vez, é representado pela equação $x^2/a^2+y^2/b^2-z^2/c^2=0$, enquanto que o cilindro elíptico tem a equação $x^2/a^2+y^2/b^2=1$, que representará um cilindro circular quando $a=b=1$.

Os vetores

Dois pontos quaisquer no espaço determinam um segmento que será chamado um *vetor* sempre que se lhe atribuir uma orientação.

Panorama da Matemática

Dados os pontos A=(a, b, c) e B=(x, y, z), o segmento orientado de A para B será o vetor **a**=AB, de origem A e extremidade B. Todo vetor será igual a um vetor que tem origem na origem do sistema de coordenadas e que é obtido fazendo-se a diferença entre as coordenadas dos pontos dados. Desse modo, o vetor **a** será igual ao vetor **b** que vai da origem O=(0, 0, 0) ao ponto C=(x-a, y-b, z-c) e isto ocorre porque, pela definição de igualdade entre vetores, dois vetores são iguais sempre que tiverem o mesmo comprimento, mesma direção e mesmo sentido, o que dá **a**=**b**. Assim, dois segmentos de comprimento 2, direção vertical e orientação para cima, o primeiro com origem em (0, 0, 3) e o segundo em (0, 2, 4), são vetores iguais.

Também no plano os vetores podem ser estudados e as definições e propriedades serão as mesmas.

Tomemos, por exemplo, os pontos P=(-1, 3) e Q=(4, 5). O vetor **w**=PQ será **w**=(4-(-1), 5-3)=(5, 2).

Para cada vetor, pode ser tomado um vetor de mesma direção e mesmo sentido, mas de comprimento igual a 1, que será chamado *versor*. Dado um vetor, as coordenadas do versor correspondente serão calculados dividindo-se as coordenadas desse vetor por seu comprimento.

Na álgebra dos vetores são definidos pelo menos três tipos de produtos: a multiplicação por escalar, o produto interno e o produto vetorial.

A multiplicação por escalar, que é a multiplicação de um número real por um vetor, é feita multiplicando-se o número por todas as coordenadas do vetor. Se **p** é um número e **u**=(x, y, z) é um vetor, então, p**u**=p(x, y, z)=(px, py, pz). É claro que o comprimento de p**u** será **p** vezes o comprimento de **u**.

O produto interno, também chamado produto escalar, fez-se multiplicando cada coordenada de um vetor pela coordenada correspondente do outro e somando-se esses resultados, tal como se faz na multiplicação de uma matriz linha por uma matriz coluna, que outra coisa não são senão vetores. Desse modo, se **u**=(v, x, z) e **v**=(r, s, t), o produto interno de **u** por **v**, denotado por **uv**, ou **u.v**, será uv=xr+ys+zt.

O produto vetorial dos vetores **u** e **v**, denotado por **uxv**, será o vetor **uxv**=(yt-zs, zr-xt, xs-yr), que é ortogonal (perpendicular) a cada um dos vetores **u** e **v**. No espaço tridimensional, o produto vetorial de dois vetores **u** e **v** é sempre obtido, na realidade, pelo cálculo do *determinante* da matriz de ordem 3 em que a primeira linha são os vetores **i**, **j**, **k**, versores de orientação positiva dos três eixos coordenados X, Y e Z, a segunda linha são as coordenadas x, y e z de **u** e a terceira são as coordenadas r, s e t de **v**. O cálculo desse determinante é o vetor (yt-zs)**i**+(zr-xt)**j**+(xz-yr)**k** que resulta em (yt-zs, zr-xt, xs-yr), uma vez que **i**=(1, 0, 0), **j**=(0, 1, 0) e **k**=(0, 0, 1). O **determinante**, uma criação de Leibniz, é um escalar associado a uma matriz quadrada por meio de um certo processo aritmético. Para uma matriz de ordem dois com linhas (a, b) e (c, d), o determinante **d** é dado por

$$\begin{vmatrix} a & b \\ c & d \end{vmatrix} = ad\text{-}bc,$$

produto da diagonal principal menos produto da diagonal secundária. Assim, para a matriz

$\begin{pmatrix} 2 & 5 \\ 3 & 7 \end{pmatrix}$, o determinante é d = $\begin{vmatrix} 2 & 5 \\ 3 & 7 \end{vmatrix}$ = 2*7-5*3=14-15=-1.

O módulo do valor **d** representa no plano cartesiano a área (espaçamento entre os valores) do paralelogramo formado pelos dois vetores (a, b) e (c, d) partindo da origem. Se não forem vetores independentes, i.e., se um for múltiplo do outro, o determinante é zero e, portanto, a área dará zero.

O ângulo **m** entre dois vetores **u** e **v** é calculado através da fórmula cosm=**u.v**/|**u**|.|**v**|, em que |**u**| e |**v**| são os comprimentos de **u** e **v**, respectivamente, e, sendo assim, é também costume apresentar-se o produto interno por **u.v**=|**u**|.|**v**|.cosm. O comprimento de um vetor **u**=(x, y, z) é dado por |**u**|= $\sqrt{(\mathbf{u}.\mathbf{u})}$= $\sqrt{(x^2+y^2+z^2)}$.

Os vetores têm amplo uso na representação de grandezas físicas, como, por exemplo, velocidade, aceleração, intensidade de campo elétrico, intensidade de campo magnético, etc. Extrapolando a sua interpretação geométrica e estendendo como vetor qualquer ênupla

Panorama da Matemática

orientada de números, os vetores terão aplicação ainda mais abrangente, atingindo campos como Química, Economia e muitos outros, sendo ademais um instrumento fundamental no tratamento matemático pelo computador.

Álgebra Linear

Duas formulações modernas compõem o cerne da disciplina matemática chamada *Álgebra Linear*. São elas a estrutura algébrica que se chama *espaço vetorial* e a noção de função, ou aplicação, entre espaços vetoriais, que tem o nome de *transformação linear*.

Um espaço vetorial V sobre um corpo K é um conjunto não-vazio que admite uma adição entre seus elementos, que são vetores, formando um grupo abeliano, e também uma multiplicação entre seus elementos e os elementos do corpo K, de modo que **a**, **b** e **c** pertencem a K e **u** e **v** pertencem a V, são verificadas as seguintes condições: (v_1) se 1 é o elemento unidade de K, então 1**u**=**u**; (v_2) a(**u**+**v**)=a**u**+a**v**; (v_3) (a+b)**u**=a**u**+b**u** e (v_4) (ab)**u**=a(b**u**). É claro que dizer que os vetores de V formam um grupo abeliano para a adição significa admitir, entre outros fatos, a existência de um vetor **0** tal que **v**+**0**=**0**+**v**=**v** e a existência de um vetor **u** para cada **v** em V tal que **u**+**v**=**0**.

Uma transformação linear é um tipo de função representada por uma matriz que ao ser multiplicada por um vetor dá como resultado um novo vetor, do espaço vetorial de chegada. Dados V e W, espaços vetoriais sobre um corpo K, a aplicação T será uma transformação linear de V em W quando (a) T(**u**+**v**)=T(**u**)+T(**v**), para quaisquer **u** e **v** de V, e (b) T(a**v**)=aT(**v**), para qualquer elemento **a** de K e para qualquer **v** em V.

É claro que a utilização da Álgebra Linear estende-se a todas aquelas áreas em que os vetores são usados.

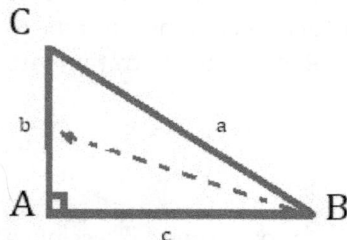 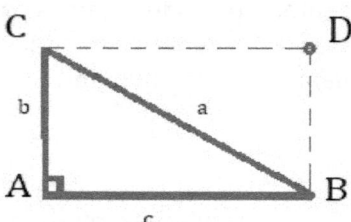

Ratios:

senB=b/a, cosB=c/a, tgB=b/c   Complemento: cosB=sen(90º-B)

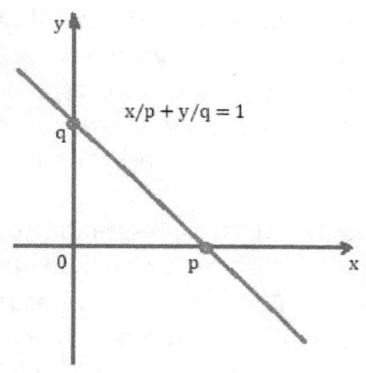 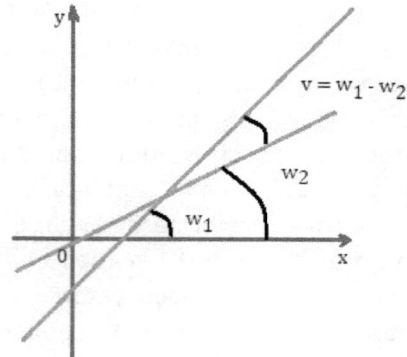

Equação segmentária   Ângulo entre duas retas

Panorama da Matemática

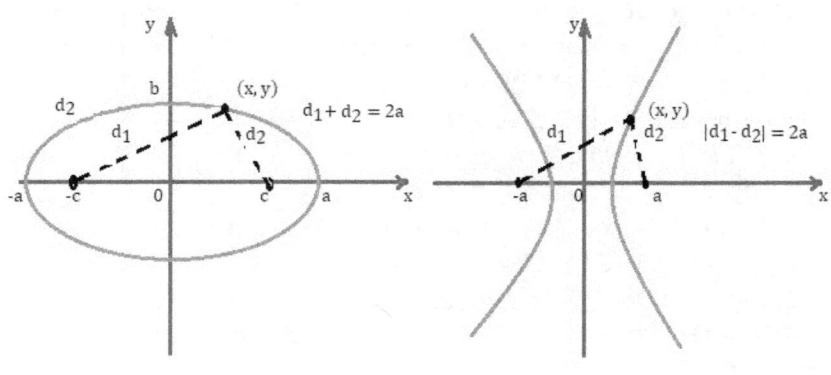

A elipse   A hipérbole

Revisão 4

4A) *Um triângulo desenhado com cateto menor na horizontal tem ângulo agudo à esquerda medindo α. Calcular seno, cosseno e tangente de α quando cateto menor, cateto maior e hipotenusa têm, respectivamente, as medidas dadas a seguir.*
 a) $\sqrt{47}, 7, 14$
 Solução (c_o: cateto oposto ao ângulo, c_a: cateto adjacente, h_p: hipotenusa):
 $sen\alpha = c_o/h_p = 7/14 = 1/2$; $cos\alpha = c_a/h_p = \sqrt{47}/14$; $tg\alpha = c_o/c_a = 7/\sqrt{47}$ (temos de racionalizar); $tg\alpha = 7/\sqrt{47} = (7*\sqrt{47})/(\sqrt{47}*\sqrt{47}) = 7\sqrt{47}/(\sqrt{47}^2) = 7\sqrt{47}/47$.
 b) $5, 12, 13$ c) $3, 4, 5$ d) $5, \sqrt{39}, 8$

4B) *Dado certo ângulo x no primeiro quadrante, i.e., 0<x<90º, obter cosx e secx a partir do seno apresentado.*
 a) $senx = 3/4$
 Solução (vamos aplicar as relações fundamentais $sen^2x + cos^2x = 1$ e $secx = 1/cosx$):
 $Sen^2x + cos^2x = 1$ ⇔ $(3/4)^2 + cos^2x = 1$ ⇔ $9/16 + cos^2x = 1$ ⇔

$\Leftrightarrow$ $(9+16\cos^2 x)/16=16/16$ $\Leftrightarrow$ $9+16\cos^2 x=16$ $\Leftrightarrow$ $16\cos^2 x=16-9$ $\Leftrightarrow$ $16\cos^2 x=7$ $\Leftrightarrow$ $\cos^2 x=7/16$ $\Leftrightarrow$ $\cos x=\pm\sqrt{(7/16)}$ $\Leftrightarrow$ $\cos x=\sqrt{7}/4$; $\sec x=1/\cos x=1/(\sqrt{7}/4)=1*4/\sqrt{7}=4*\sqrt{7}/(\sqrt{7}*\sqrt{7})=4\sqrt{7}/(\sqrt{7^2})=4\sqrt{7}/7$.

b) $\sen x=\sqrt{15}/8$ c) $2/5$ d) $3/10$

4C) Calcular, pela definição, o logaritmo abaixo.

a) $\log_3 81$

Solução (definição: $\log_a x=y \Leftrightarrow a^y=x$, $x>0$, $a>0$, $a \neq 1$):

$\log_3 81=y \Leftrightarrow 3^y=81 \Leftrightarrow 3^y=3^4 \Leftrightarrow y=4$.

b) $\log_2 16$ c) $\log_2 \sqrt{2}$ d) $\log_5 125$

4D) Obter o logaritmo decimal abaixo usando a mantissa dada e as propriedades.

a) $\log 0{,}0028$, $0{,}3219$

Solução:

$\log 0{,}0028 = \log(2{,}8*10^{-3}) = \log 2{,}8+\log 10^{-3} = \log 2{,}8+(-3)\log 10 \approx$
$\approx 0{,}3219+(-3)*1 = 0{,}3219+(-3) = -2{,}6781$.

b) $\log 0{,}000017$, $0{,}2304$ c) $\log 390000$, $0{,}5911$ d) $\log 0{,}011$, $0{,}0414$

4E) Para o centro e o raio dados, encontrar a equação reduzida da circunferência e a equação geral da reta que passa por esse centro e pelo ponto (-1, 0).

a) $C(1, -3)$, $r=4$

Solução:

$(x-a)^2+(y-b)^2=r^2 \Leftrightarrow (x-1)^2+(y+3)^2=4^2 \Leftrightarrow (x-1)^2+(y+3)^2=16$;
Reta por (-1, 0) e (1, -3): $m=(y_2-y_1)/(x_2-x_1)=(-3-0)/(1-(-1))=-3/2$;
$y-y_0=m(x-x_0) \Leftrightarrow y-(-3)=(-3/2)(x-1) \Leftrightarrow y+3=(-3/2)(x-1) \Leftrightarrow 2(y+3)=$
$=-3(x-1) \Leftrightarrow 2y+6=-3x+3 \Leftrightarrow 3x+2y+3=0$.

b) $C(3, -1)$, $r=5$ c) $C(4, 2)$, $r=3$ d) $C(-1, 3)$, $r=\sqrt{7}$

5. ANÁLISE MATEMÁTICA

A Análise Matemática compreende todas as questões matemáticas que envolvem em sua abordagem a consideração de quantidades infinitamente pequenas ou infinitamente grandes.

O método de exaustão de Arquimedes

Muito antes de Oresme, de Thomas Bradwardine, que escreveu um *Tractatus de continuo*, e de John Wallis, com sua *Arithmetica infinitorum*, sendo o primeiro matemático a usar explicitamente a ideia de infinito, muito antes destes, Arquimedes já utilizava a noção de quantidades infinitamente pequenas para desenvolver entre outros estudos, o seu "método de exaustão", pelo qual se calculava a área de um círculo partindo da área de polígonos regulares inscritos, assumindo que à medida que se inscrevem no círculo polígonos regulares de lados cada vez menores, a área desses polígonos tende a coincidir com a do círculo. Com efeito, um polígono regular inscrito num círculo e com vértices na circunferência será igual à própria circunferência se os seus lados forem infinitamente pequenos, ou se, o que é equivalente, o número de seus lados for infinitamente grande. Assim, se o número de lados tende a infinito, a área do polígono tende para a área do círculo.

Arquimedes, o maior matemático da antiguidade, filho de um astrônomo, foi morto por um soldado do general Marcelo durante a Segunda Guerra Púnica, mas não sem antes deixar escrita uma vasta obra de assustadora abrangência e de profundidade não menos surpreendente para quem quer que tome contacto com seus cálculos, seus métodos, seus teoremas, suas descobertas nas diversas áreas do que hoje constitui a Matemática e a Física. O *Cálculo Diferencial e Integral*, espinha dorsal da Análise, tem em Arquimedes o seu grande precursor.

Era conhecido o processo de *quadratura do círculo*, através da *curva de Hípias*, desenvolvido por Dinóstrato (séc. IV a.C.), irmão de

Menaecmus. Hípias de Elius (séc. V a.C.) já acreditava vir a poder fazer a quadratura do círculo e, como o que de fato veio a ser feito com o uso de sua curva não respondia à verdadeira questão que era a de traçar com régua e compasso o quadrado de área equivalente à de um círculo dado, fica a ideia de que esse fato apenas confirma a imagem que Platão registrou desse filósofo, que é a de um sofista típico, pois a curva de Hípias era traçada não com régua e compasso mas por um instrumento por ele inventado e que servia apenas para traçar a dita curva. Arquimedes, como já foi visto, ocupou-se do problema da quadratura do círculo e também da quadratura de outras curvas, tendo conseguido, pela primeira vez, a da parábola. Deve-se registrar também que ele é o primeiro a calcular a área da elipse.

Limites e continuidade

Dizer que todas as partes da Análise tratam do infinitamente grande e do infinitamente pequeno é dizer que em todas essas partes se estará envolvido com processos de passagem ao limite, o que estará na base do estudo da continuidade de funções, de diferenciação e da integração, das séries numéricas e de funções, dos espaços métricos, etc. É que um número L é dito o limite de uma variável **x** se a distância entre **x** e L se torna infinitamente pequena à medida que os valores de **x** percorrem uma determinada sequência de pontos. No caso de limite de função, que é mais comum, diz-se também que o limite de f é um determinado número L se a distância entre os dois se torna infinitamente pequena à medida que a variável **x** se aproxima de um dado número **a**.

Em termos simbólicos, diz-se que o limite de y=f(x) é L quando **x** tende a **a** se, dado um número real E>0, existe um número δ>0 tal que d(x, a)<δ implica d(f(x),L)<E e denota-se por $\lim_{x \to a} f(x) = L$, sendo d(x, a) a distância de **x** a **a**.

É comum escrever:
$|x-a| < \delta \Rightarrow |f(x)-L| < E$.

Interpretando a definição sobre os seus símbolos, pode-se dizer que, por menor que seja o número, que é maior que a distância entre o valor da função e o limite L, pode-se encontrar um número que será maior que a medida da distância entre a variável **x** e o número **a**.

Dizer que a variável x se torna infinitamente grande positivamente, ou que x tende a infinito, x→∞, é dizer que para qualquer valor positivo M dado, o valor de **x** superará o de M. Analogamente, **x** se torna infinitamente grande negativamente, x tende a -∞, se, dado um valor negativo K, por menor que seja, **x** será ainda menor.

Fica claro que o infinito não é um número, mas apenas uma ideia com um símbolo para indicar que aquilo que se procura está além de qualquer número. Assim, está-se dizendo que esse limite não existe, ou seja, que não existe número para expressá-lo.

A partir da definição, podem ser demonstrados os seguintes teoremas fundamentais sobre limites de funções: (a) o limite de uma função constante **c** é o número **c**; (b) o limite da soma (ou diferença) de um número finito de funções é igual à soma (ou diferença) dos limites correspondentes dessas funções; (c) o limite do produto de um número finito de funções é igual ao limite do produto das funções; (d) o limite do quociente de duas funções é igual ao quociente dos limites das funções, desde que o segundo limite, o divisor, não seja zero; (e) se a função y=f(x) tem seus valores compreendidos entre os valores das funções g=u(x) e h=v(x), i.e., u(x)<f(x)<v(x), e se quando x tende a **a**, o limite de g=u(x) é L e o limite de h=v(x) é também L, então o limite de y=f(x), quando **x** tende a **a**, é também L (teorema do sanduíche).

Os limites mais fáceis de calcular são aqueles em que se pode fazer a simples substituição da variável pelo valor de **a**, como, por exemplo, $\lim_{x \to 9}[x^2/(x-6)] = 9^2/(9-6) = 81/3 = 27$.

Se em vez de a=9 tivéssemos a=6, o cálculo não seria tão simples, uma vez que o denominador seria zero. A técnica, nesses casos, consiste em dividir os termos da fração pela maior potência de **x**, que aí é x^2. O limite será, então, -6/5.

Se o limite de y=f(x), quando x tende a **a** é igual a L, então podemos ter uma das duas situações: ou L é um valor da função e é a própria ordenada y correspondente à abscissa **a**, ou L não pertence à função, embora a distância entre y e L fique, como deve ser, infinitamente pequena.

No primeiro caso em que o limite é f(a), diz-se que a função é contínua em **a**. No caso em que L não pertence à função, ela se diz uma função descontínua em **a**.

Um exemplo de função descontínua é f(x)=1/x, que não tem limite no ponto 0 quando x§0, pois não está definida nesse ponto. Mas se tomarmos um outro exemplo de função descontínua, como f(x)=(x^2-3x+2)/(x-1), teremos uma função descontínua em x=1 que, no entanto, tem limite quando **x** tende a 1. Basta fatorar o numerador e teremos f(x)=(x-1)(x-2)/(x-1)=x-2. O limite então será 1-2=-1.

Substituindo, portanto, o número L da definição de limite pelo valor f(a), teremos a definição de função contínua num ponto **a**, que será: dado um número arbitrário E>0, existe d>0 tal que d(x, a)<d implica d(f(x), f(a))<E, expressão que se pode escrever como

|x-a| < δ ⟹ |f(x)-f(a)| < E.

Uma função será *contínua* num intervalo fechado [a, b] (i.e., a≤x≤b) sempre que for contínua em todos os pontos do intervalo.

As funções contínuas apresentam propriedades básicas que são demonstradas em todo bom curso de Cálculo: (a) *Teorema da passagem por zero*: se uma função y=f(x) é contínua num intervalo [a, b] e os valores f(a) e f(b) têm sinais contrários, então entre **a** e **b** existe pelo menos um valor **c** tal que f(c) é igual a zero, i.e., a curva corta o eixo das abscissas (teorema devido a Augustin-Louis Cauchy (1789-1857)). (b) *Teorema do valor intermediário*: num campo conexo, i.e., num conjunto em que uma curva pode ser traçada sem interrupção, se uma função y=f(x) é contínua e em pontos **a** e **b** tem valores f(a)=A e f(b)=B, com A e B distintos, então, para qualquer C entre A e B, existe pelo menos um valor **c** entre **a** e **b** tal que f(x)=C. (c) *Teorema da limitação da função*: se uma função y=f(x) é contínua em [a, b], então y=f(x) está limitada nesse intervalo, ou seja, existem valores m e M tais que m≤f(x)≤M para a≤x≤b. (d) *Existência da função inversa*: se num campo conexo uma função contínua y=f(x) é monótona estritamente

Panorama da Matemática

crescente (ou monótona estritamente decrescente), i.e., ela apenas cresce (respectivamente, ela apenas decresce), então existe uma função z=g(x), chamada inversa de f, definida no campo de valores que toma a função f, que é, como a própria f, contínua e monótona estritamente crescente (respectivamente, monótona estritamente decrescente). (e) *Existência de máximo e mínimo absolutos*: se uma função contínua y=f(x) está definida num intervalo fechado [a, b], então existe nesse intervalo pelo menos um ponto **c** tal que f(c) é máximo entre os valores **d** tal que f(d) é mínimo entre os valores de f.

A noção de *continuidade* em R está rigorosamente formalizada pela teoria dos *cortes de Dedekind*. J. W. R. Dedekind (1831-1916) verificou que cada ponto tomado na reta divide-a em dois conjuntos distintos. Por exemplo, √2 divide a reta em um conjunto cujos elementos têm o quadrado inferior ou igual a 2 e outro conjunto em que o quadrado dos elementos é maior que 2.

Cálculo Diferencial e Integral

Com a criação do Cálculo Diferencial e Integral ocorre algo com que o mundo da ciência, apesar do precedente das *relações de Girard*, não estava acostumado: uma mesma descoberta ser feita à mesma época por duas pessoas distintas, em países diferentes. Este fato leva o alemão Gottfried Wilhelm Leibniz (1646-1716) e o inglês Isaac Newton (1642-1727), os dois inventores do Cálculo, a se incompatibilizar, devido às intrigas surgidas relacionadas a acusações de plágio, isto depois de terem mantido uma proveitosa correspondência em que acatavam sugestões um do outro e cuidavam de aperfeiçoar cada vez mais a nova disciplina.

Não se pode esperar, no entanto, que tanto Newton quanto Leibniz tenham chegado às suas descobertas pelo mesmo caminho. A invenção do Cálculo é uma ilustração da afirmação de Charles Sanders Peirce de que "a verdade não tem caminho único", entendendo-se verdade aí no sentido relativo que essa palavra tem na ciência. Pois enquanto Newton chegou ao seu "método das fluxões" raciocinando em termos de velocidades, ou deslocamento de pontos, e partindo de seu teorema binomial, a fórmula para a expansão de $(x+a)^n$, Leibniz tratava sempre geometricamente aquilo que veio a se chamar o cálculo diferencial.

Leibniz percebeu, em 1673, que a tangente a um ponto de uma curva podia ser dada pelo quociente entre as ordenadas e as abcissas, fazendo esses elementos tornarem-se Infinitamente pequenos em torno do ponto considerado. Leibniz contou que no momento dessa descoberta um clarão irrompeu pela sala e, como fosse muito católico, atribuiu o fato à presença da Virgem Maria. Também dessa época é a descoberta de que a área sob uma curva corresponde à soma das áreas dos retângulos de larguras infinitamente pequenas em que se pode subdividir a região, sendo esta a ideia da integração.

Para a noção de derivada, ele introduziu prontamente a notação dy/dx, indicando a razão entre as diferenças infinitesimais de ordenadas e abscissas. Newton, por sua vez, usava como notação para o mesmo fato a letra **x** encimada por um ponto. O símbolo para a integração, a letra $\int$, que era o formato da letra "s" minúscula na época, indicando soma, foi introduzida posteriormente pelo próprio Leibniz e aceita por Newton assim que recebeu a sugestão numa correspondência de seu colega alemão.

Pelo lado de Leibniz, a descoberta fora apresentada em 1684 na obra intitulada *Nova methodus pro maximis et minimis, itemque tangentibus, que nec irrationales quantitates moratur'* enquanto que Newton só em 1687 publicou seus *Philosophiae naturalis principia mathematica*, contendo suas observações sobre o Cálculo. Assim que surgiram as acusações de plágio, Leibniz alegou essa diferença de datas como prova de sua primazia na descoberta, o que provocou o rompimento por parte de Newton, que ficava então em situação incômoda. As notações e a abordagem que acabaram prevalecendo no Cálculo foram, porém, muito mais as de Leibniz que as de Newton.

A derivada de uma função y=f(x), que continua sendo denotada por dy/dx, ou também por f'(x), ou ainda, por y', é dada pelo limite, quando **h** tende a 0, da razão [f(x+h)-f(x)]/h, em que **h** é o incremento, um pequeno acréscimo, chamado diferencial, nos valores da variável **x**. A

Panorama da Matemática

derivada segunda, ou seja, a derivada da derivada, denota-se por d^2y/dx^2 ou f''(x) ou, ainda, y''. A derivada de uma função existe num ponto x se y=f(x) está definida e é contínua nesse ponto. As regras de derivação, necessárias para a facilitação do cálculo das derivadas, são dadas como segue: (a) *Derivada da soma:* a derivada de uma soma algébrica de funções é a soma algébrica das derivadas de cada função: (u+v+w+ ... + t)'= u'+v'+w'+ ... +t'. Aqui, u, v, w, .,., t são funções de **x**. (b) *Derivada da função que tem fator constante:* a derivada do produto de uma constante por uma função é o produto da constante pela derivada da função: (cf)' = cf'. (c) *Derivada do produto:* a derivada do produto de duas funções é o produto da derivada da primeira pela segunda somado ao produto da primeira pela derivada da segunda: (uv)' = u'v+uv'. No caso de **n** funções, n>2, têm-se **n** parcelas de **n** fatores cada uma, sendo derivada apenas uma função em cada parcela. (d) *Derivada do quociente:* a derivada do quociente de duas funções é o quociente cujo divisor é a diferença entre o produto da derivada da primeira pela segunda e o produto da primeira pela derivada da segunda e cujo divisor é o quadrado da segunda função: (u/v)' = (u'v-uv')/v². (e) *Derivada da função composta (regra da cadeia):* a derivada de uma função de função é o produto da derivada da primeira, tendo a segunda como argumento, pela derivada da segunda: (f(g(x))' = f'(f(x)).f'(x).

    A derivada da função x^n é dada, por aplicação direta da definição, pela expressão nx^{n-1}. Assim, a derivada de uma função polinomial é obtida pela aplicação desta fórmula e das regras (a) e (b).

    As funções trigonométricas básicas têm derivadas dadas por: (senx)'= cosx, (cosx)' = -senx, (tgx)' = sec^2x. Já a derivada da função logarítmica lnx é 1/x, enquanto que a função exponencial e^x é igual à sua própria derivada, e^x.

    A reta tangente a uma curva, para um dado intervalo [a, b], coincide, obviamente, com a derivada da função em cada ponto. Este fato é o que permite identificar os pontos de máximo e mínimo da função, pois nesses pontos as tangentes à curva são retas paralelas à abcissa, i.e., retas de inclinação zero. Assim, se a derivada de uma função num dado ponto é igual a zero, então, tem-se um ponto de máximo, de mínimo ou de inflexão, caso em que a curva faz um patamar no ponto em questão, mas retoma em seguida a direção anterior.

Um dos teoremas fundamentais do Cálculo Diferencial, o *teorema de Fermat*, trata exatamente dessa questão de máximos e mínimos: se numa região conexa uma função y=f(x) tem num ponto x = c, que não seja extremo, um valor máximo ou mínimo, e possui derivada finita em c, então f(c) = 0.

Michel Rolle (1652-1719), que reagiu inicialmente ao Cálculo de forma incisiva, tachando-o de "coleção de falácias engenhosas", deixou no livro intitulado *Méthode pour résoudre les égalités* o que viria a ser outro teorema fundamental do Cálculo Diferencial, o chamado *teorema de Rolle*: se uma função y=f(x) é contínua num intervalo fechado [a, b], tem derivada finita nesse intervalo e se anula nos extremos, i.e., f(a) = 0 e f(b) = 0, então existe pelo menos um ponto c entre a e b, a<c<b, tal que f'(c) = 0. Isto significa que há um ponto na curva com uma reta tangente que é paralela ao eixo das abscissas.

O *teorema de Lagrange*, também chamado *teorema do valor médio*, é outro dos mais importantes nesta disciplina: se uma função y=f(x) é contínua no intervalo [a, b], e tem aí derivada finita, então existe pelo menos um ponto c entre a e b tal que [f(b)-f(a)]/(b-a)= f'(c).

É frequente a utilização das derivadas para o traçado de curvas, uma vez que elas fornecem informações sobre em quais trechos a curva é crescente (derivada positiva), em quais ela é decrescente (derivada negativa), onde há pontos de inflexão, onde há pontos de máximo e de mínimo, etc.

Leibniz notou que calcular a integral de uma função f(x) corresponde a encontrar uma função cuja derivada seja f(x). Como a derivada de uma constante C é zero, é costume acrescentar ao resultado da integração de uma função f(x) a constante C. Neste caso, se não são dados os extremos de integração, que são os extremos da curva ou região de integração, o resultado que se obtém é chamado *integral definida* da função f(x) e denota-se

Panorama da Matemática

$$\int_a^b f(x)dx = F(x)+C.$$

Costuma-se também chamar a função F(x) + C de *primitiva* da função f(x).

A primitiva de uma função elementar nem sempre é uma função elementar e, em muitos casos, a solução depende de caminhos muito complicados.

São as seguintes as regras fundamentais de integração: (a) a integral do produto de uma constante c por uma função f é o produto da constante pela integral de f. (b) A integral de uma soma de funções é a soma das integrais das funções. (c) A integral do produto de uma função u pela derivada de uma função v é o produto uv menos a integral do produto da derivada de u por v (integração por partes: ∫uv'=uv-∫u'v). (d) Se x=g(t), a integral de y=f(x) na variável x é igual à integral de f(g(t))g'(t) na variável t (integração por substituição).

A integral da função mais usual, a função polinomial, obtém-se partindo da integração do termo x^n. É claro que a função cuja derivada é x^n, e que será primitiva desta, é $x^{n+1}/(n+1)$. Aplicando-se as regras de integração (a) e (b), tem-se a integral da função polinomial.

É comum nos cursos de Cálculo introduzir-se a noção de *integral definida* como o limite da soma das áreas dos retângulos sob a curva, para o número de retângulos tendendo a infinito, ou, o que dá no mesmo, o comprimento das bases tendendo a zero, sendo a área de cada retângulo, cuja base é o intervalo $[x_{i-1}, x_i]$, dada por $f(c_i)(x_i-x_{i-1})$, em que c_i é um ponto arbitrário entre x_{i-1} e x_i, com i variando nos naturais.

Contudo, o *teorema fundamental do cálculo integral* trata da expressão da integral definida a partir da integral indefinida, podendo ser tomada a definição através da área dos retângulos apenas como um instrumento para a demonstração. O teorema afirma que se $\int_{[a, b]} f(x)dx=$ = F(x)+C, então $\int_{[a, b]} f(x)dx = F(b) - F(a)$. A expressão F(b) - F(a) costuma ser representada, durante os processos de cálculo, na forma $F(x)|_a^b$.

Outros teoremas relacionados à integral definida são os seguintes: (a) *A permutação do sinal*: $\int_{[a, b]} f(x)dx = - \int_{[b, a]} f(x)dx$. (b) A

subdivisão da integral: se **c** está entre **a** e **b**, então $\int_{[a,b]} f(x)dx =$
$= \int_{[a,c]} f(x)dx + \int_{[c,b]} f(x)dx$. (c) *O teorema do valor médio para integrais*: se f(x) é contínua em [a, b], então há pelo menos um ponto **c** entre **a** e **b** tal que $\int_{[a,b]} f(x)dx = (b-a)f(c)$. (d) *O teorema da limitação da integral*: se **m** é mínimo absoluto e M é máximo absoluto no intervalo [a, b], então $m(b-a) \leq \int_{[a,b]} f(x)dx \leq M(b-a)$. Algumas propriedades básicas da integral definida precisam ser levadas em conta: (i) a integral indo de **a** até **a** é igual a zero; (ii) a integral da constante **k** no intervalo [a, b] é igual a k(b-a); (iii) a integral do produto de **k** pela função f é igual ao produto de **k** pela integral de f; (iv) a integral da soma (subtração) de funções é a soma (subtração) das integrais; (v) se a função é não negativa em [a, b], então a integral da função em [a, b] é não negativa; (vi) se a função é não positiva em [a, b], então a integral em [a, b] é não positiva.

Como exemplo prático da utilização da integral definida, toma-se a função $y=3x^2$. Calcular a área sob o gráfico desta função entre dois pontos quaisquer da abscissa é integrar a função tendo os dois pontos como extremos. Sejam os pontos a=2 e b=5. A área sob a parábola, entre esses pontos será $A = \int_{[2,5]} 3x^2 dx = x^3 | [2, 5] = 5^3 - 2^2 = 117$.

A utilização da integração no cálculo de áreas veio trazer a solução de problemas milenares. Sem o uso de integrais pode-se calcular a área de quaisquer figuras que sejam delimitadas apenas por segmentos de retas ou arcos de circunferências. Assim, têm-se as fórmulas para a área de triângulos, paralelogramos, retângulos, losangos, trapézios, polígonos regulares, círculos, semicírculos e quaisquer composições dessas figuras. E todas elas têm fórmulas que podem ser deduzidas a partir da fórmula da área do triângulo, que é metade do produto da base pela altura, e da área do círculo, $A = \pi r^2$. Também a área da elipse havia sido calculada por Arquimedes. Mas, comparado com a quantidade imensa de possibilidades de contornos existentes para as figuras, o número dessas figuras relacionadas acima é irrisório. Para os problemas de cálculo de áreas o método de integração representou, portanto, a solução global, uma vez que ele dá conta da área sob qualquer curva que possa ser matematicamente analisada, havendo variação apenas no grau de dificuldade da resolução.

Panorama da Matemática

As noções de limites, continuidade, cálculo diferencial e cálculo integral são estudadas também para funções de várias variáveis e, neste caso, a teoria dos vetores e a Álgebra Linear são de grande valia. No caso de se trabalhar no espaço tridimensional, o cálculo da integral corresponde ao cálculo de volume, como no plano corresponde ao de área.

São inúmeras as aplicações que se pode dar à integração. Além de áreas e volumes, pode-se usar a integral para encontrar centro de gravidade, momento de inércia, pressão de fluidos, área de superfície, campo elétrico e campo magnético, para ficar apenas nos campos de Matemática e Física.

A integral definida conforme vista acima foi apresentada e chamada de *integral de Riemann*, por ter sido este matemático quem deu à teoria da integração a forma rigorosa em que ela é vista hoje nos cursos de graduação. Na moderna análise, porém, uma outra teoria de integração, alterando conceitos básicos da integração clássica, foi apresentada pelo matemático francês Henri Lebesgue (1875-1941), que expôs suas ideias em 1902 na sua tese de doutorado em Nancy. Uma explanação completa de seu método veio a público na obra *Leçons sur l'integration et la recherche des fonctions primitives*, de 1904.

Na base da nova teoria está um novo conceito de medida, que é hoje chamado de *medida de Lebesgue*. A *integral de Lebesgue*, baseada nessa ideia de medida, que utiliza a noção de *supremos* e *ínfimos* de conjuntos, representa uma generalização da ideia de integral, havendo uma quantidade imensa de funções que não são Riemann-integráveis, mas que são Lebesgue-integráveis. (Se A é um subconjunto de B, o supremo de A é um número b tal que (i) b é um majorante de A e (ii) não existe majorante de A que seja menor que b, entendendo-se como majorante de A um número b tal que a≤b para qualquer elemento a de A. A definição de ínfimo é feita de modo análogo.)

Sequências e séries

O estudo das *séries infinitas* tem seus primeiros resultados significativos em meados do século XIV. Desde então o assunto vem ocupando a atenção dos mais eminentes matemáticos, tendo recebido contribuições de D'Alembert, Euler, Newton, Leibniz, Cauchy, Abel, Riemann e outros.

A noção de *série numérica* depende da ideia de *sequência*. Uma sequência ou *sucessão numérica* é um conjunto infinito de termos a_1, a_2, ..., a_n, ... dados numa certa ordem. O termo a_n chama-se termo geral e a sequência denota-se por (a_n).

Diz-se que uma sequência (a_n) tem limite se o termo geral a_n tende para um número A à medida que n tende para infinito. Em termos rigorosos, diz-se que (a_n) tem limite A se, dado E>0, existe N tal que, para n>N, $|a_n-A|<E$. Isto é o mesmo que dizer que A é o limite de (a_n) quando **n** tende a infinito.

A progressão aritmética de razão 2, dada por 1, 3, 5, ..., (2n-1),..., não tem limite finito, enquanto que uma progressão geométrica de razão entre -1 e 1, por exemplo a sequência 5, -5/2, 5/8, -5/16, ..., $5(-1/2)^{n-1}$, ..., de razão -1/2, tem limite A=0.

Uma expressão do tipo $a_1+a_2+a_2+...+a_n+...$, em que os números a_1, a_2, ..., a_n, ... são termos de uma sequência infinita, chama-se *série numérica*. As somas $S_1=a_1$, $S_2=a_1+a_2$,..., $S_n=a_1+a_2+...+a_n$ chamam-se somas parciais da série; o valor obtido para S_n quando n tende a infinito chama-se soma da série e o termo geral da série será a_n. Se a soma da série, um limite, for um número finito S, diz-se que a série é *convergente* e, em caso contrário, ela se diz *divergente*.

Oresme foi o primeiro a demonstrar que a *série harmônica* 1, 1/2, 1/3, ..., 1/n, ... é divergente, embora a sequência de termos $a_n=1/n$ tenha limite finito e igual a zero. A prova de Oresme é a mesma que se faz atualmente, por agrupamento dos termos em somas maiores que 1/2, i.e., somando os dois primeiros, os quatro seguintes, os oito seguintes, e assim por diante.

Um dos atrativos que as séries numéricas exercem sobre os pesquisadores é o de poder-se representar alguns números célebres como soma de séries. Entre esses números estão os seguintes:

Panorama da Matemática

$e = 1+1/1!+1/2!+1/3!+\ldots+1/n!+\ldots$

$\ln 2 = 1-1/2+1/3-1/4+\ldots+(-1)^{n-1}.1/n+\ldots$

$1 = 1/1.2+1/2.3+1/3.4+\ldots+1/n(n+1)+\ldots$

$2 = 1+1/2+1/4+1/8+\ldots+1/2^n+\ldots$

$\pi/4 = 1-1/3+1/5-1/7+1/9+\ldots+(-1)^{n-1}.1/(2n-1)+\ldots$

Na representação de e foi usada a notação de *fatorial*, em que um número n! (**n** fatorial) tem o valor n(n-1)(n-2)...3.2.1, isto é, 1!=1, 2!=2.1, 3!=3.2.1, 4!=4.3.2.1, etc.

Esta característica das séries numéricas, de possibilitar a representação de certos números, é generalizada com as *séries de funções*. Em lugar de tomarmos a série $a_1+a_2+\ldots+a_n+\ldots$ de números, podemos tomar a série de funções $f_1(x)+f_2(x)+f_3(x)+\ldots+f_n(x)+\ldots$, que será *convergente* para todos os valores x=a em que $f_1(a)+f_2(a)+\ldots+f_n(a)+\ldots$ for uma série numérica convergente. Assim, o que se procura é o intervalo dos valores de x para o qual a série converge, no caso de ser convergente para algum valor. A região em cujos valores a série converge é chamada o *campo de convergência* da série.

Entre as séries de funções, as de maior aplicação são as chamadas *séries de potências* que são dadas pela expressão $a_0+a_1(x-a)+a_2(x-a)^2+\ldots+a_n(x-a)^n+\ldots$ ou, simplesmente, por $a_0+a_1x+a_2x^2+a_3x^3+\ldots+a_nx^n+\ldots$ Funções muito complicadas podem, em muitos casos, ser aproximadas por polinômios dados por séries desse tipo. Também funções elementares muito usuais são aproximadas por
séries de potências, quando é conveniente fazê-lo.

Para as aproximações mais comuns lança-se mão da *série de Taylor*, dada por:

$\quad f(x)=f(a)+f'(a)(x-a)+f''(a)(x-a)^2/2!+f'''(a)(x-a)^3/3!+\ldots$
$\quad +f^{(n)}(a)(x-a)^n/n!+\ldots$

Pode-se também usar a expansão mais simples, dada pela série de MacLaurin:

$\quad f(x)=f(0)+f'(0)+f''(0)x^2/2!+f'''(0)x^3/3!+\ldots+f^{(n)}(0)x^n/n!+\ldots$

Alguns exemplos de funções que podem aparecer como expansões em série de potências são os seguintes:

$e^x = 1+x+x^2/2!+x^3/3!+...+x^n/n!+...$
$\operatorname{sen} x = x-x^3/3!+x^5/5!=x^7/7!+...+(-1)^{(n-1)}x^{2b-1}/(2b-1)!+...$
$\cos x = 1-x^2/2!+x^4/4!-x^6/6!+...+(-1)^{(n-1)}x^{2n-2}/(2n-2)!+...$
$\ln(1+x) = x-x^2/2+x^3/3-...+x^{(2n-1)}/(2n-1)-...$

A Topologia

Uma moderna disciplina matemática tem o papel de guardiã do rigor dentro da análise, além de ser a fonte de quase toda a linguagem desse campo. Trata-se da *Topologia*, que se ocupa, em sua maior parte, das propriedades dos conjuntos de pontos.

Pertencem ao conteúdo da Topologia as noções de continuidade, de conexidade, de sequências e de espaços métricos, conjuntos que admitem alguma espécie de medida, entre as localizações de seus elementos.

Uma ideia básica da Topologia é a de *conjunto aberto*, de onde muitas outras noções são definidas. Um *espaço topológico* é um conjunto X no qual uma classe T de subconjuntos verifica os axiomas seguintes: (t_1) X e o conjunto vazio pertencem a T; (t_2) a união de um número qualquer de conjuntos de T pertence a T e (t_3) a intersecção de dois conjuntos quaisquer de T pertence a T. Um elemento de T é chamado um *aberto*. Um *conjunto fechado* é um conjunto cujo complementar é aberto.

Se A é um subconjunto de um espaço topológico T, um *ponto interior* de A é um ponto **p** que pertence a um aberto B de A. O conjunto dos pontos interiores de um conjunto é chamado o *interior* do conjunto e um modo de verificar se um conjunto é aberto é mostrar que todos os seus pontos estão no interior. O interior do complementar de A é dito o *exterior* de A. O conjunto dos pontos que não estão no interior nem no exterior de A chama-se *fronteira* de A. A intersecção de todos os conjuntos fechados que contém A é chamado o fecho de A e A é dito um conjunto *magro* em X se o interior do fecho de A é vazio.

Como se pode ver a abstração cresce muito à medida em que vão surgindo as definições e *é* ainda maior quando vão sendo

Panorama da Matemática

demonstrados os teoremas.

Tomando-se a reta como um espaço topológico, um exemplo de conjunto aberto é o subconjunto dado por um intervalo aberto (um teorema chamado *teorema de Cantor-Dedekind* garante a biunivocidade entre o conjunto R e a reta). Um intervalo fechado terá no complemento um conjunto aberto, portanto, será um conjunto fechado. A reta é o caso mais usual de espaço topológico, mas o caso mais simples é o conjunto vazio.

Embora Dirac tenha afirmado que 'qualquer novo conceito matemático possui sua interpretação na natureza', o matemático atual, dentro do grau de sofisticação que a divisão de trabalho atingiu na sociedade contemporânea, não pode perguntar-se se a sua produção na Matemática Pura vai ter uma utilidade prática, pois, na maioria dos casos, não obterá resposta e a insistência na indagação pode trazer uma sensação de desconforto. A saída é se confortar com Dirac, ele mesmo encarregado de exemplificar sua asserção, de que sempre haverá uma 'interpretação na natureza'.

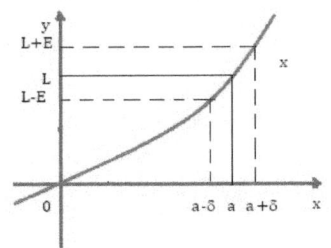 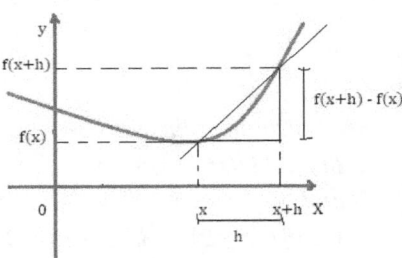

O limite para x tendendo a a   *A derivada em x*

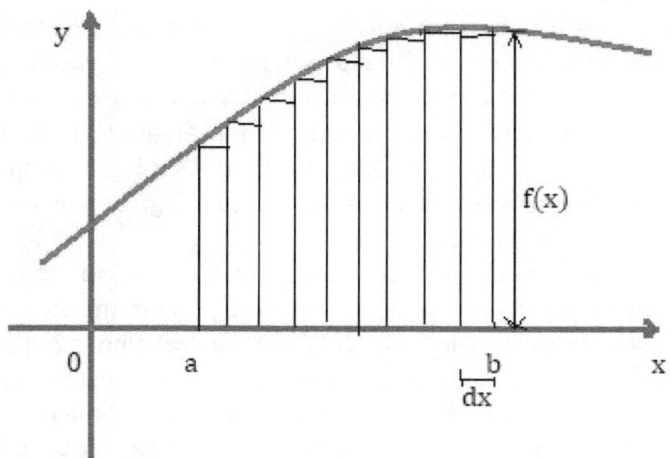

A integral definida: soma de áreas f(x)*dx

Revisão 5

5A) Calcular os limites abaixo.
a) $\lim_{x \to 2}(3/(x^2 - 5))$
Solução:
$\lim_{x \to 2}(3/(x^2 - 5)) = 3/(2^2 - 5) = 3/(4-5) = 3/(-1) = -3$.
b) $\lim_{x \to 1}((2x^2-3)/x^3)$ c) $\lim_{x \to 3}(x^2-4x-1)$ d) $\lim_{x \to -2}(x^3/(1-x^2))$

5B) Provar que a função dada é contínua no ponto **a** indicado.
a) $f(x)=1-3x^2$, $a=1$

Solução (temos de achar um valor de δ que nos garanta uma relação algébrica elementar com E tal que $|x-a|<δ \Rightarrow |f(x)-f(a)|<E$):

$|x-1|<δ \Rightarrow |(1-3x^2)-(1-3(1)^2|<E;$
$|(1-3x^2)-(1-3(1)^2|=|1-3x2-1+3|=|-3x2+3|=|-3(x2-1)|=$
$=|-3(x-1)(x+1)|=3|x+1||x-1|<E \Rightarrow |x-1|<E/(3|x+1|) = E/(3*(1+1))=$
$=E/6$. Basta tomar δ=E/6,

b) $f(x)=2-3/x$, $a=6$. c) $f(x)=7-2x$, $a=-1$ d) $f(x)=x/2$, $a=1/3$

5C) Obter a derivada da função polinomial abaixo.
a) $f(x)=3x^2-5x+1$
Solução:
$f'(x)=3*2x^1-5*1x^0=6x-5$
b) $f(x)=7x^2-8x+3$ c) $f(x)=2x^3-1$ d) $f(x)=3x^4-5x^2+6x$

5D) Calcular a área sob a curva no intervalo indicado pela integral.
a) $\int[-1,3](x^2+1)dx$
Solução:
$\int[-1,3](x^2+1)dx=x^3/3+x|$ = $[(3)^3/3+3]-[(-1)^3/3-1]$ =
= $(27/3+3)-(-1/3-1)=[(36/3-(-4/3)]=36/3+4/3=40/3$.
b) $[1,2](x^3+2)dx$ c) $\int[0,4](x^2+3x+1)dx$ d) $\int[-2,1](2x^3-3x)dx$

Cacildo Marques

6. MATEMÁTICA APLICADA

Matemática Aplicada é o nome com que se costuma denominar aquele grupo de disciplinas matemáticas que são desenvolvidas visando a uma aplicação, em curto ou médio prazos, a áreas como Engenharia, Física, Química, Economia, etc. Também as teorias que podem formar modelos práticos para uso em computador são incluídas nesse grupo.

Os campos de estudo dentro da Matemática Aplicada englobam, entre outros, as equações diferenciais, um estudo iniciado por Leibniz, que trata da resolução de equações cujas incógnitas são diferenciais ou derivadas primeiras, segundas, terceiras, etc.; a programação linear, técnica desenvolvida em torno de 1945, e que trata da resolução simultânea de inequações lineares de várias variáveis; a otimização não linear, com procedimentos próximos aos da programação linear, mas incluindo inequações não lineares; os sistemas dinâmicos, que deram origem à teoria do caos e aos fractais; a álgebra booleana, uma das vertentes do "cálculo da lógica" de George Boole; outros estudos que auxiliam na utilização do computador, como a teoria dos grafos, o cálculo de diferenças finitas, etc.

Um problema clássico de programação linear, cerne da disciplina chamada Pesquisa Operacional, é o problema do excursionista. O problema expressa-se assim:

"Um excursionista planeja fazer uma viagem para acampar e pretende levar cinco itens, que excedem o limite de 40kg que ele acha que consegue carregar na mochila. Para resolver a questão de selecionar os itens a serem levados ele enumerou-os e atribuiu valores, conforme a ordem de importância. Aos itens 1, 2, 3, 4 e 5, de massas 28kg, 23kg, 12kg, 14kg e 8kg, ele atribuiu os valores 100, 80, 30, 15, 40, respectivamente. Que itens ele deve levar, maximizando o valor total sem exceder as restrições de peso dadas pelo limite de 40kg?"

Sendo x_i a quantidade de itens (i=1, 2, 3, 4, 5), a expressão a ser maximizada é $z=100x_1+80x_2+30x_3+15x_4+40x_5$, que deverá estar sujeita à limitação $28x_1+23x_2+12x_3+14x_4+8x_5 \leq 40$. Cada quantidade x_i será igual a

Panorama da Matemática

zero ou a um, conforme vá ser levada ou não, portanto, teremos as inequações $x_i \leq 1$, estando implícito que essas quantidades são inteiras e não-negativas. Com isso, tem-se a equação a maximizar, a fórmula de z, e seis inequações, que representam as restrições (uma do peso e cinco das quantidades).

Existem vários métodos para se resolver esse tipo de problemas, sendo um deles o famoso '*método simplex*', que consiste em fazer operações elementares sobre as linhas do sistema, de modo a ir-se reduzindo a quantidade de termos. Mas importantes programas de computador são utilizados para se obter com muita rapidez a solução para problemas assim, como de outros muito mais complicados.

Quando caímos em problemas cujas restrições formam inequações de duas variáveis, podemos resolver apenas fazendo desenhos no plano cartesiano. Por exemplo, para restrições como y≤3 e y≤5-2x, para maximizar o lucro dado pela equação z=2x+3y, podemos hachurar com riscas azuis a parte do plano inferior à reta y=3 e com riscas amarelas a parte inferior à reta decrescente y=5-2x. A região válida será aquela que aparecerá trançada de azul e amarelo, insinuando a cor verde, abaixo da primeira reta e à esquerda da segunda. Bastará então buscar o par de coordenadas dessa região que maximize o lucro segundo a equação dada, z=2x+3y. Com o desenho, descobre-se facilmente que o ponto que maximizará a equação será o par (1, 3), que resultará em lucro z=11 (z = 2x+3y = 2(1)+3(3) = 2+9 = 11).

Revisão 6

6) Dada a equação z=2x+4y, maximizar o lucro quando se têm as restrições abaixo.
a) *y≤4-2x e y≤x+1*
Solução:
Para a primeira restrição, substituindo x=0 e x=1, temos os pontos (0, 4) e (1, 2); na segunda restrição, usando as mesmas abscissas,

teremos (0, 1) e (1, 2). Traçando as retas, vemos que o ponto que traz lucro máximo, de z=10, é o ponto (1, 2).

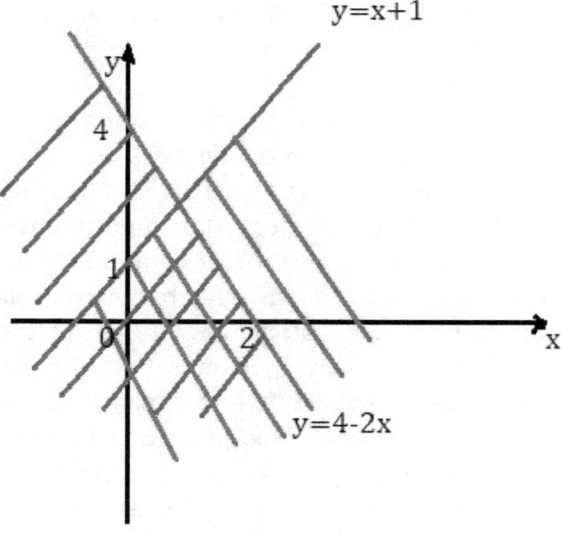

b) $y \leq 3-x$ e $y \leq x+2$ c) $y \leq 2$ e $y \leq 5-x$ d) $y \leq 2-2x$ e $y \leq x$

Panorama da Matemática

7. COMPUTAÇÃO

A computação é dividida em duas grandes áreas de estudo que poderíamos chamar '*a ciência do computador*' e '*a ciência da computação*'. A primeira dessas, também denominada pela palavra inglesa 'hardware', trata do equipamento, a parte de engenharia, a mecânica e a eletrônica da construção e da manutenção do computador. A outra área, para a qual se adota a palavra inglesa "software', ocupa-se da matemática envolvida em todo o trabalho que venha a ser feito através do computador, englobando, portanto, as linguagens de programação, os compiladores, a análise de sistemas, etc.

Um computador nos moldes dos atuais, em termos de dimensão e aplicações, foi idealizado pela primeira vez em 1833 pelo industrial inglês Charles Babbage (l792-l871), que começou a construir sua máquina com financiamento oficial e viu seu projeto avançar até que, em 1842, o governo deixou de fornecer as verbas que eram o único recurso que possibilitaria a conclusão do engenho.

O primeiro computador eletrônico sob aquela concepção veio, portanto, a ser construído apenas em 1944, pela IBM, que o iniciou em 1937. Chamava-se Mark I e foi logo superado pelo ENIAC (*Electronic Numeric Integrator and Computer*), de 1946, computador idealizado na Universidade do Estado da Pensilvânia pelo matemático John Von Neumann, montado com arquitetura de base binária e incorporando os princípios da Lógica Aristotélica. Essa máquina, com modelo chamado '*arquitetura Von Neumann*', é o padrão dos computadores atuais, tanto dos mainframes quanto dos microcomputadores.

O Mark I, desenvolvido na Universidade Harvard por uma equipe chefiada por Howard Aiken, era uma máquina com engrenagens funcionando ainda em base decimal, como teria sido o aparelho de Charles Babbage, mas foi muito útil nos cálculos demandados pelos aliados na II Guerra, da mesma forma que a calculadora apelidada "A Bomba", na Inglaterra, ajudou Alan Turing a decifrar os códigos nazistas de ataques. Antes de ele ficar pronto, porém, o primeiro computador de base binária tinha sido concluído na Alemanha, em 1938, pelo engenheiro Konrad Zuse, com apoio financeiro de empresas, mas não do governo de Hitler, que desprezou o projeto. O dispositivo, denominado Z1, foi iniciado em 1934 e patenteado em 1936. Com os bombardeios dos aliados sobre Berlim nos meses finais da guerra mundial, a máquina foi destruída, como mais uma das vítimas inocentes. Os pilotos não tinham como saber que estavam bombardeando uma preciosidade tecnológica.

Muitas vezes, profissionais de computação são vistos tentando convencer as pessoas que conhecem pouco do assunto a abandonarem a visão de que o computador é uma máquina prodigiosa, que faz coisas além da imaginação. De fato, espalha-se muita fantasia em torno das possibilidades do computador. A resposta dos profissionais é de que essa é uma máquina que armazena informações e faz cálculos muito rápidos, fazendo num minuto cálculos que o ser humano não teria tempo de fazer durante uma vida inteira. Fora disso, diz-se, é '*uma máquina burra*'. Há um detalhe, porém. O computador é a primeira máquina que decide. O computador toma decisões a partir da avaliação de dados que a ele são fornecidos e isto é o que produz as fantasias que circulam quanto ao alcance dessa máquina. Este é o corte que o distingue de todas as máquinas anteriores.

As linguagens de programação mais usadas são as seguintes: ALGOL (*Algorithmal Language*, utilizada em ciência), FORTRAN (*Formula Translation*, para engenharia e ciência), COBOL (*Common Business Oriented Language*, usada nos bancos, no comércio e nos serviços públicos), *Pascal* (para fins didáticos em universidades); as linguagens para campos mais específicos, como ASSEMBLER, PL1 e LISP, e as linguagens próprias para micro e minicomputadores, como LOGO, BASIC, etc. Nos últimos tempos, essas linguagens construídas para programação em modo texto receberam versões como linguagens orientadas a objeto, basicamente linguagens para *Windows* e *Linux*, os grandes sistemas de janelas para os microcomputadores. São exemplos dessa tendência o *Delphi*, derivado do Pascal; o *Visual Basic*, derivado

Panorama da Matemática

do *Basic*; o *Visual C++*, derivado da linguagem C; o *dBase* 5.5, derivado do *dBase* III.

Um programa feito para computador é uma sequência de passos, indicando determinadas operações aritméticas e lógicas, que a ele são fornecidas visando à resolução de um problema ou o encaminhamento e o registro de uma dada atividade. O programa deve ser escrito em uma das linguagens implantadas no computador, que por sua vez 'traduz' para a 'linguagem de máquina' a mensagem que lhe chega através da leitura de cartões ou fitas, quando não diretamente enviada através do teclado. A mensagem somente é "entendida" pelo computador quando ele transforma seu conteúdo em dados da aritmética binária, na qual só existem os valores 0 e 1. É claro que os símbolos '0' e 'l' fazem sentido para nós e não para a máquina. O que corresponde ao '1' é, na realidade, uma corrente elétrica indo num dado sentido, enquanto que o '0' será a interrupção dessa corrente. O computador traduz para a aritmética binária, que é uma invenção de Leibniz, não só os números, mas também nomes, dos quais cada letra é associada a um número.

No sistema de numeração binária os números são escritos do seguinte modo: 'zero' é '0', 'um' é 'l', 'dois' é '10', 'três' é '11', 'quatro' é '100', 'cinco' é '101', etc. Trata-se de um sistema em que se dispõe de apenas dois algarismos e que a cada vez que se acrescenta o valor l à última casa, se o algarismo naquela posição já é 1, o que resulta é o algarismo 0, indo o l para ser somado ao valor da casa anterior. Deve-se notar que neste sistema o algarismo l é o último da série, o de maior valor, tal como ocorre com o 9 no sistema de base dez.

Como toda informação é traduzida para o sistema de numeração binária, vê-se que a ideia de número irracional não faz sentido para a máquina, embora a aproximação racional da raiz de um número possa sempre ser obtida, e com várias casas decimais. Essa limitação, da impossibilidade de trabalhar com valores irracionais, é uma das grandes diferenças entre a inteligência humana e a '*inteligência artificial*' (AI). Assim, se se convier que a contribuição neperiana do uso da vírgula, ou do ponto, para separar casas decimais é apenas uma questão de notação, então o computador é, aritmeticamente falando, uma máquina pitagórica.

Produtividade

Não temos como avaliar o quanto a produtividade cresceu no mundo desde a chegada do computador pessoal (PC) às mãos dos cidadãos no início da década de 1980, seja em suas residências, seja nos locais de trabalho. Como a rapidez na execução dos cálculos no computador é milhares de vezes maior que a das contas feitas a lápis, no papel, pelas mãos humanas, não é difícil imaginar que em determinados setores a produtividade tenha alcançado essa mesma proporção.

A entrada da internet, na década de 1990, representou outro passo gigantesco nesse enriquecimento da produção, por meio do trabalho em rede. Muitos estranharam o desenvolvimento das vacinas da Covid na grande pandemia de 2020, quando em cerca de um ano de experimentos o produto estava disponível nos postos de saúde. O espanto veio do fato de que vacinas anteriores levavam décadas para serem testadas e concluídas. E era verdade, porque antes as publicações relatando avanços nas pesquisas eram feitas em papel e sua circulação dependia do correio. Em 2020 tudo era muito rápido, pois as publicações não eram apenas em papel, mas na "nuvem", e nos vários centros ao redor do globo terrestre as pessoas tinham acesso a elas em tempo real. A colaboração entre cientistas não ocorria apenas em laboratórios isolados, mas em rede mundial.

Para vermos como a ciência caminhava antes, basta lembrar que da formulação algébrica das máquinas térmicas no Ciclo de Carnot (1824) à invenção da geladeira (1926), que é uma aplicação prática do conceito, decorreram 98 anos. Mais recentemente, entre o envio do primeiro e-mail, em 1969, e o lançamento da internet, a rede mundial, em 1991, foram apenas 22 anos.

Ao longo dos meses em que durou a pandemia, avançou nos centros de pesquisas o desenvolvimento dos portais de Inteligência

Panorama da Matemática

Artificial, propiciando ao usuário um ambiente integrado de resolução de problemas e de consultas em variados temas, além de criação de textos de quantos assuntos queiramos, tudo baseado em probabilidade, com rastreamento das informações armazenadas na rede mundial. No fim do ano de 2022 esse tipo de serviço foi disponibilizado aos usuários.

A outra grande vertente em desenvolvimento no mesmo período foi a da computação quântica, com seu processamento tridimensional, *i.e.*, nas três coordenadas do espaço, que permite rapidez acima de qualquer expectativa, além de possibilidades inéditas de cálculo, em comparação com a computação tradicional, que trabalha com processamento bidimensional, baseado na leitura da tela.

A *segurança de dados* é outro setor que experimentou grande avanço no século XXI, com a criação do sistema de *Blockchain* (cadeia de blocos), no qual a informação é tanto mais segura quanto maiores forem os números primos que os pesquisadores consigam processar.

Revisão 7

7A) *Escreva na base binária (zeros e uns) cada número dado na base dez.*
a) 22
Solução (dividiremos por 2 e tomaremos os restos, que serão arranjados do fim para o começo):
22|2   11|2   5|2   2|2   1|2
0 11   1 5   1 2   0 1   1 0
O número binário é 10110.
b) 15   c) 20   d) 32

7B) *O seguinte programa C, precedido somente pela diretiva #include <stdio.h>, imprime o resultado 4.5 quando temos z=3 como dado. Calcule o valor a ser impresso para o novo valor **z** dado abaixo.*

int main( )
{
 int x, y, z;
 x=10; y=20; z=3; z=(x+y-z)/6;
 printf("z= % d", z); return 0;
}
a) 12
Solução: z=(10+20-12)/6=18/6=3
b) 6   c) 0   d) 21

8. TEORIA DA INFORMAÇÃO

A Teoria da Informação surgiu em 1948 com a publicação de um artigo de Claude Elwood. Shannon, em que ele alinha algumas noções então correntes, formaliza definições e cria os primeiros teoremas sobre o assunto.

As ideias centrais da Teoria da Informação são as de informação e entropia e seu objeto é constituído de alfabetos e palavras (códigos). Aqui, alfabetos e palavras não são tomados, a priori, das linguagens em uso, o que garante o caráter de não-acidentalidade da teoria, estando, assim, de acordo com o preceito de Wittgenstein, segundo o qual "(...) a universalidade de que precisamos na Matemática não é a acidental".

A definição de informação é feita do seguinte modo: se E é um evento com probabilidade p de ocorrer, então $I(E) = \log_r(1/p(E))$.

Se a base **r** do logaritmo é igual a 2, então $I(E)$ é medido em bits (*binary unity*), se r=e, a unidade é nat (*natural unity*) e, se r=10, ela recebe o nome de Hartley, por ter sido R. Y. Hartley, em 1928, o primeiro pesquisador a sugerir uma medida logarítmica da informação.

Chama-se *fonte de informação de memória nula* a uma fonte em que símbolos (s_i) são emitidos de forma estatisticamente independente. A medida da informação então será $I(s_i)=\log_2(I/p_i)$ bits, com $p_i=p(s_i)$.

Se S é o alfabeto de uma fonte, a entropia H de uma fonte de medida nula é dada por $H(S) = p_1\log_r(1/p_1)+p_2\log r(1/p_2)+ \ldots \ldots +p_n\log_r(1/p_n)$ unidades r-árias.

Revisão 8

8A) Calcular a informação de um evento E, medido em bits, com a probabilidade dada abaixo.
    a) p=1/8
    Solução: $I(E) = \log_2(1/8)=\log_2(2^{-3})=-3*\log_2 2=-3*1=-3$.
    b) p=1/2 c) p=1/16 d) p=1/4

9. LÓGICA

Há quem julgue que Aristóteles criou a Lógica como uma oposição à dialética e há ainda quem identifique a lógica formal com a metafísica. São duas visões distorcidas dos fatos. Aristóteles foi motivado a escrever o *Órganon*, fundando a Lógica, por achar que há nos exercícios do raciocínio algumas normas que podem ser 'formalizadas', sem que isso implique desprezo pelo que não se enquadre nessas normas.

A Lógica Formal é desenvolvida a partir dos três princípios seguintes: (a) Princípio da Identidade: uma coisa é igual a si mesma, i.e., vale a sentença A=A (A é um objeto, uma proposição ou um atributo); (b) Princípio da Contradição: uma coisa não pode, ao mesmo tempo, ser e não ser, i.e., ~(A e ~A), que se traduz em "não é verdade que valem A e a negação de A"; (c) Princípio do Terceiro Excluído: uma coisa ou é ou não é, i.e., ou vale A ou vale ~A

Se A representa a sentença 1<2, então ~A, isto é, "não A", ou "negação de A", é expresso por ~(1<2), que é o mesmo que 1≥2. Outro exemplo: se A é a sentença "o fogo é quente", então ~A, a negação de A, é "o fogo não é quente".

Aristóteles não criou a Lógica a partir do vazio, mas de estudos que preocupavam os filósofos havia muito tempo, como era o caso dos silogismos ("Todo homem é mortal; Sócrates é homem, logo, Sócrates é mortal") e das investigações de Parmênides sobre o todo e o nada, o ser e o não ser. Assim, os princípios **a** e **b**, Identidade e Contradição, já existiam, e o grande passo dado no Órganon foi a introdução da ideia do Terceiro Excluído.

Leibniz tentou criar uma linguagem simbólica que representasse a algebrização da Lógica, mas não foi até o fim com o intento. A Lógica Formal passa a ser Lógica Matemática somente a partir das obras de George Boole e de De Morgan, portanto, em meados do século XIX.

Assim como na geometria a negação ou substituição de um postulado polêmico deu origem a novas geometrias coerentes, alguns

Panorama da Matemática

lógicos do século XX criaram novas teorias partindo da negação do princípio do terceiro excluído, que sempre foi o axioma mais discutido da Lógica. A Lógica de Aristóteles, Lógica bivalente, passa a ser um caso particular das modernas Lógicas polivalentes.

A teoria das probabilidades é uma das motivações para o surgimento dessas Lógicas, uma vez que foi a primeira teoria dentro da Matemática a ser construída fora dos domínios da lógica bivalente, pois não se restringe aos valores extremos de verdade e falsidade.

A lei dialética da negação (superação?) da negação, que na Lógica tradicional é estéril (~(~A) é o próprio A), nas Lógicas polivalentes passa a apresentar trabalho para os estudiosos.

O matemático brasileiro Prof. Newton C. A. da Costa é autor da conhecida teoria chamada Lógica Paraconsistente, uma das novas Lógicas que negam o princípio do Terceiro Excluído.

Na Lógica aristotélica, a exclusão da terceira possibilidade significa que há apenas dois valores, o V, de verdadeiro, e o F, de falso. Se em meio às proposições verdadeiras e falsas consideramos algumas sentenças indecidíveis, aquelas que não temos como avaliar, ainda assim estamos na Lógica bivalente, porque não incorporamos ainda um terceiro valor. Os valores V e F também podem ser tratados como 1 e 0, e isso é até preferível quando mexemos com computação.

Tanto usando o par V-F como usando 1-0, um dos instrumentos de trabalho na Lógica são as *tabelas-verdade*, que permitem avaliar o valor de verdade de sentenças compostas, que são as que envolvem conectivos, como E, OU e NÃO, também chamados *conectivos booleanos*. Como já foi visto, o NÃO inverte o valor da sentença. Os outros conectivos exigem exame mais acurado.

Tomemos duas sentenças: A Lua é satélite, $3^2>9$. Vemos claramente que a primeira é verdadeira e a segunda é falsa. Concatená-las com E e com OU leva a diferentes valores de verdade para as sentenças resultantes. Se dizemos (A Lua é satélite) OU ($3^2>9$), temos na tabela verdade a sequência V-F que lá tem resultado V. Para este conectivo, basta que uma das duas seja verdadeira para a composição toda ser verdadeira. Mas se dizemos (A Lua é satélite) E ($3^2>9$), temos novamente a linha V-F, mas unidas pelo conectivo E. Para o resultado ser verdadeiro, ambas as partes da sentença teriam de ser verdadeiras. Como está, o resultado é falso. Se um aluno escreve na prova que (1<2) E (4<3), ele erra a sentença toda, porque, com o booleano E, só resulta V a sequência V-V. As outras possibilidades, V-F, F-V e F-F, dão resultado falso. No caso do conectivo OU, apenas a sequência F-F dá resultado falso, sendo verdadeiros os pares V-V, V-F e F-V.

Conhecer bem o funcionamento desses e outros conectivos é suficiente para o trabalho na computação no que se refere à Lógica. Mas essa matéria se compõe de muitos outros temas, sempre muito úteis.

Entre os resultados mais significativos da Lógica desde meados do século XIX, destacam-se: (a) os operadores booleanos, uso dos conectivos gramaticais como operadores algébricos; (b) a definição de igualdade, de Frege; (c) a teoria dos tipos, de Bertrand Russel, que trata dos níveis de linguagem e permite contornar vários paradoxos da Lógica; (d) o Teorema da Incompletude, de Gödel, que tem como uma das interpretações a de que a máquina não pode superar a mente humana; (e) as 'máquinas de Turing', modelos lógicos desenvolvidos por Alain Turing e que representariam os caminhos possíveis para a construção de máquinas de 'inteligência artificial'; (f) o critério de verdade, de Alfred Tarski, que condiciona o caráter de verdadeiro de uma proposição à ocorrência de valores que a satisfaçam.

Também de Tarski veio o importantíssimo teorema que garante o seguinte: qualquer sentença expressa em linguagem não formal (não algébrica) encerra contradição, i.e., está eivada de dubiedades. Por isso, a moda atual de valorizar sobremaneira nos exames as questões de "interpretação de textos" resulta de um poço de desinformação.

Revisão 9

9A) Dadas as sentenças p="3>2" e q="4 é ímpar", obter o valor

Panorama da Matemática

de verdade de cada composição abaixo.
  a) p OU q
  (Obs.: simbolicamente, p $\vee$ q; p E q escreve-se p $\wedge$ q)
  Solução:
  V OU F resulta em V.
  b) p E q   c) ~q   d) ~(p E q)

10. PROBABILIDADE E ESTATÍSTICA

Durante o século XVIII, a maioria dos grandes matemáticos dedicou pelo menos uma pequena parcela de suas ocupações ao estudo do que se chamou de Matemática Social. Jacques Bernoulli (1654-1705), irmão de Jean, havia publicado em 1713 a sua *Ars conjectandi*, contendo uma parte destinada à Teoria das Probabilidades e onde ele apresentava o teorema que se tornaria famoso como a *lei dos grandes números*. Pouco depois, o francês radicado na Inglaterra Abraham de Moivre (1667-1754) publicou a *Doctrine of chances*, obra que enriqueceu o assunto com a introdução de novos princípios fundamentais. Também Euler desenvolveu algumas fórmulas do Cálculo de Probabilidades.

O que levou os matemáticos a se ocuparem com questões de Probabilidade e Estatística eram, entre outros motivos, as discussões quanto a problemas de seguro e profilaxia. A vida média dos habitantes da França na segunda metade do século XVIII era de 25 anos e, segundo a observação de D'Alembert, apenas metade dos que nasciam chegavam aos oito anos de idade. Sendo a varíola uma das razões desses baixos números, travou-se intensa discussão sobre a oportunidade ou não de se aplicar a variolação, inoculação de uma forma fraca de varíola como imunização, uma prática que certamente envolvia riscos. Um dos mais ardorosos defensores da medida foi Daniel Bernoulli (a família Bernoulli produziu nada menos que doze matemáticos). Outro a lutar pela ideia foi Condorcet (1743-1794), o matemático que em 1785 publicou o '*Essai sur l'application de l'analyse à la probabilité des décisions rendues à la pluralité des voix*', depois de ter lançado, 20 anos antes, outra obra chamada '*De calcul intégral*', e que apoiou a Revolução, tornando-se Presidente da Assembleia Nacional, elaborou e apresentou o histórico e avançadíssimo projeto de ensino público gratuito, publicado em seguida no Diário Oficial, seguindo plano de Lisboa, de duas décadas antes.

Panorama da Matemática

Contra a variolação colocou-se D'Alembert, entre outros. A discussão persistiu até a descoberta da vacina antivariólica, em 1798, pelo Dr. Edward Jenner.

Apesar de o envolvimento quase total dos matemáticos com a probabilidade e a estatística ter-se dado nessa época, a primeira obra impressa sobre o assunto surgiu mais de um século antes, o opúsculo escrito por Christian Huygens, intitulado 'De ratiociniis in ludo aleae' (o raciocínio nos jogos de dados) e publicado em 1657. Huygens baseou-se numa troca de correspondência entre Pascal e Fermat, em que os dois discutiram o tema, sem que um ou outro chegasse a registrá-lo em livro. Galileu Galilei (1564-1642) é também tido como um dos primeiros a desenvolver ideias sobre essa matéria.

De especial importância dentro dessa área é o aparecimento do livro 'Théorie analytique des probabilités', de autoria de Laplace (1749-1827) e que foi publicado em 1812. É também creditada a Laplace a redescoberta do trabalho do reverendo Thomas Bayes, que morreu em 1761.

No século XX, porém, é que a teoria das probabilidades adquiriu a sua formulação rigorosa, nos moldes preconizados por Hilbert em 1900, Após o surgimento dos 'Elementary Principles in Statistical Mechanics' (1901) de Gibbs e dos 'Élements de la théorie des probabilités' (1909), de Emile Borel, surgiu na União Soviética o livro 'Foundations of the Theory of Probability' (1931), de Andrei Nikolaievitch Kolmogórov (1908-1987), obra que estabelece em número de três os axiomas básicos da teoria ('The Laws of Thought', de Boole, considerava cinco) e lança mão do conceito de medida de Lebesgue, respondendo, dessa forma, ao ponto número 6 do programa de Hilbert.

Definição de Probabilidade

Se um acontecimento ou evento A pode ocorrer de k maneiras num total de n modos possíveis, diz-se que a probabilidade de ocorrer o evento A é $P\{A\} = k/n$. Nas mesmas condições, a probabilidade de não ocorrência do evento A, ou a probabilidade do evento A^c (não-A ou A complementar), é dada por $P\{A^c\}=(n-k)/n = 1-k/n = 1 - P\{A\}$.

Se p é a probabilidade de um evento B, temos os seguintes axiomas: (p_1) p não pode ser menor que 0 nem maior que l; (p_2) se B é um evento sem possibilidade de ocorrer, então, p=0 (p_3) se B deve necessariamente ocorrer, i.e., B é um evento certo, então, p=1.

O conceito de probabilidade é usado no dia-a-dia em situações as mais variadas possíveis. Na prática, utilizamos este conceito sempre traduzido em valores percentuais, o que, na maioria das vezes, é apenas um modo mais difundido de se pensar e dizer valores de probabilidades. Quando lemos que num jogo entre os times A e B a chance de cada um dos times vencer é 50% e a do empate é 40%, estamos diante de números que as pessoas familiarizadas com estatística interpretam como 0,5 e 0,4, respectivamente, e estes são valores de probabilidades. É que a notação '%', que é lida 'por cento', significa efetivamente que o número que a precede está dividido por cem. Desse modo, dizer "30%" é o mesmo que dizer "30/100" ou "30*(1/100)", operações que têm como resultado 0,3.

Estamos também usando a noção de probabilidade quando especulamos sobre o sexo de uma criança que ainda não nasceu e que não passou ainda pelo exame de ultrassom. A chance de ser uma criança do sexo feminino é ligeiramente maior que 50%, podendo-se dizer que a probabilidade é 0,5. O fato de um país ter um milhão de mulheres mais que homens não significa que haja nascido todo este número a mais, uma vez que a mortalidade é maior entre as pessoas do sexo masculino, tendo mesmo o IBGE anunciado recentemente que a média de vida das mulheres brasileiras é de entre 4 e 9 anos a mais que a dos homens.

Precisamos ter cuidado para não achar que qualquer percentagem, que não tem limitação, é uma medida de probabilidade, pois esta está limitada superiormente em 100%.

A abordagem empírica para a definição de probabilidade defende a interpretação frequentista, segundo a qual a probabilidade de um evento deve ser a frequência relativa de sua ocorrência, calculada sobre um número muito grande de experimentos. Esse raciocínio é baseado

Panorama da Matemática

na '*Lei dos Grandes Números*', ou '*teorema de Bernoulli*'. Segundo esse teorema, se p é a probabilidade de um evento e **k** é o número de ocorrências em **n** experimentos, então, a diferença entre k/n e p tende a ser infinitamente pequena quando n cresce indefinidamente, isto é, dado um E>0, por menor que seja, tem-se |k/n - p|<E, quando **n** tende a infinito.

De Moivre observou que a probabilidade da ocorrência de eventos independentes é o produto das probabilidades dos eventos. Assim, numa urna com três bolas brancas e duas vermelhas, a probabilidade de se retirar ao acaso uma bola branca é de 3/5, ou 6/10=0,6, e a probabilidade de que a bola retirada seja vermelha é 2/5, ou 4/10=0,4, o que dará, para a probabilidade de se ter em duas extrações uma bola branca e uma vermelha, o valor 0,6*0,4=0,24, desde que a primeira bola retirada seja devolvida à urna. Na linguagem atual, esse produto corresponde à probabilidade da *intersecção* dos eventos. A probabilidade da *união* dos eventos nas mesmas condições, i.e., a probabilidade de sair ou uma bola branca ou uma bola vermelha numa extração, é dada pela soma das probabilidades, que será 0,6+0,4 = 1,0. óbvio, pois tínhamos no caso um evento certo.

Vamos agora colocar na mesma urna, além das bolas já existentes, mais cinco bolas azuis. Então, a probabilidade de sair bola branca será 3/10, ou 0,3, a de sair vermelha será 2/10, ou 0,2, e a probabilidade de sair ou branca ou vermelha ficará 0,3+0,2=0,5.

Se a primeira bola retirada não é devolvida à urna, então a probabilidade de uma segunda bola ser de uma dada cor não será mais calculada sobre o mesmo denominador e dependerá da cor da primeira bola. É um exemplo do que se chama *probabilidade condicional*. Se supomos que a primeira bola retirada é vermelha, a probabilidade de que a segunda bola seja branca é (2/10)(3/9)=1/15. Se queremos a probabilidade da união desses eventos, i.e., de ocorrer uma bola vermelha na primeira retirada ou uma bola branca na segunda, ela será a probabilidade do primeiro evento mais a probabilidade do segundo, subtraída a probabilidade da intersecção. Teremos, então, 2/10+ +3/9-1/15=7/15.

No caso de a ocorrência de um evento implicar a não ocorrência de outro eles se dizem *eventos mutuamente exclusivos*.

Variável aleatória e modelos

Consideremos agora a experiência que consiste no lançamento de duas moedas, chamando de X o número de caras que aparecem cada vez que as duas moedas são lançadas.

Teremos: X=0, com probabilidade 1/2+1/2=1/4, quando ocorre RR (coroa, coroa); X=l, com probabilidade 1/4, quando ocorre RC (coroa, cara); X = l, com probabilidade 1/4, na ocorrência de CR; X=2, também com probabilidade 1/4, para a ocorrência de CC.

Uma variável X como a do exemplo, que admite valores distintos e sempre associados a probabilidades, chama-se *variável aleatória discreta*, ou *variável estocástica*, e a probabilidade p_i, que é denotada por $P(X=X_i)=p_i$, ou $p(x_i)$, chama-se *função de probabilidade*.

No exemplo dado temos: P(X=0)=1/4, P(X=1)=1/4+1/4=1/2 e P(X=2)=1/4.

Uma variável aleatória X, com valores x_1, x_2, x_3, ..., x_k e probabilidades p_1, p_2, p_3, ..., p_k, tem uma média, ou *esperança*, definida por $E(X)=x_1p_1+x_2p_2+...+x_kp_k$. E(X) também é chamada *valor esperado* da variável X.

A *variância* de X é dada por $Var(X)=(x_1-E(X))p_1+(x_2-E(X))p_2+...$ $...+(x_k-E(X))p_k$, enquanto que o *desvio padrão* de X, denotado por σ(X), é a raiz quadrada da variância, σ(X)= √(Var(X)).

A esperança da variável aleatória X, do exemplo acima, é E(X)=0.(1/4)+1.(1/2)+2.(1/4)=1. A variância será Var(X)=(0-1)(1/4)+ +(1-1)(1/2)+(1-2)(1/4)=0 e o desvio padrão será, neste caso particular, igual à variância: σ(X)=√0=0.

O que acontece muitas vezes é a necessidade de tomar mais de uma variável aleatória ao mesmo tempo, fazendo-se o que se chama distribuição conjunta de probabilidades.

Se X e Y são duas variáveis aleatórias, podem ser analisadas a *covariância* e a *correlação* entre elas. A covariância entre X e Y é dada

Panorama da Matemática

por Cov(X,Y)=E((X-E(X))(Y-E(Y))), sendo esta uma medida da relação linear entre os pontos de X e de Y.

O *coeficiente de correlação* é um índice de relação linear entre variáveis, i.e., indica o quanto os pontos se aproximam de uma reta, com a vantagem de não depender da unidade de medida, e é dado por σ(X, Y) = Cov(X,Y)/[σ(X)σ(Y)].

Entre os chamados modelos de probabilidade, o mais importante, no caso de variável discreta, é a *distribuição binomial*, devida a Jacques Bernoulli. Se p é a probabilidade de que um dado evento ocorra em cada tentativa de um experimento de n lances, sendo X o número de vezes em que o evento ocorre, e q a probabilidade de que o evento não ocorra, i.e., p=1-q, então a probabilidade de o evento ocorrer um número k de vezes nos n lances é dada por $p(X=k)=C_{n,k}p^k q^{n-k}$, onde $C_{n,k}$ é a combinação de **n** elementos tomados **k** a **k** e cuja fórmula é $C_{n,k}=n!/[k!(n-k)!]$. (A fórmula de combinação é usada, por exemplo, no binômio de Newton: $(x-a)^n = C_{n,0} x^n a^0 + C_{n-1} x^{n-1} a^1 + ... + C_{0,n} x^0 a^n$. A fórmula de combinação nos livros-textos é precedida pela fórmula de arranjo, situação em que a disposição dos elementos conta como um conjunto distinto: $A_{n,p}=n!/(n-k)!$. Um exemplo de arranjo é (1, 4, 3). Um exemplo de combinação é {1, 4, 3}. (A notação de fatorial, n!=1.2.3...n, já foi vista em item anterior.).

Para o caso das distribuições com variável contínua, o modelo mais importante é a *distribuição normal*, ou *curva de Gauss*, dada pela função $y=[1/\sigma\sqrt{(2\pi)}]e^{(-1/2)(x-\mu)^2/(\sigma^2)}$, em que σ é o desvio padrão da distribuição e μ é à média. Não se deve ficar assustado com a forma desta função, pois os valores utilizados estão em tabelas disponíveis nos manuais. Nesta curva, a média será sempre a abscissa do ponto de máximo e a área total sob o gráfico é sempre igual a 1, pois as probabilidades são dadas justamente por porções dessa área.

Na prática, as distribuições que podem ser estudadas através da distribuição normal são aproximadas pela chamada *normal reduzida*, que é a curva em que a média é zero e o desvio padrão é 1, o que faz com que ela seja chamada também de "normal zero um" e denotada por N(0, 1). Uma variável aleatória X com distribuição normal de média µ e desvio padrão σ será transformada na variável aleatória Z, dada por z=(x- µ)/σ, que é a variável aleatória da normal reduzida.

No gráfico da curva normal reduzida, a área (probabilidade) compreendida entre as abscissas z=-1 e z=+1, i.e., entre -§ e +§, corresponde a 68,27% da área (que é igual a 1). A área entre as abcissas z=-2 e z=+2 representa 95,45%, enquanto que a área entre z=-3 e z=+3 é de 99,73% da área total, i.e., a área sob a curva abaixo de -3 e acima de +3 mede 0,27% da unidade, ou 0,0027.

A aplicação prática das teorias estatísticas, que tem como suporte básico a teoria das probabilidades, é feita em geral através de análise de amostras. Ao se estudar uma população de micróbios, de peças, de peixes, de seres humanos, etc., a teoria da amostragem fornece as técnicas necessárias para se fazer a escolha mais conveniente do tipo de amostra, enquanto que a teoria da estimação e os testes de hipóteses permitem que se faça a avaliação dos níveis de confiabilidade e de significância dos resultados das pesquisas, tendo aí grande utilidade os modelos de probabilidade de que se deve dispor, especialmente o da distribuição normal.

Entre os campos em que se divide a estatística, destacam-se a estatística documentária, a teoria dos jogos, a biometria, a sociometria, a psicometria, a demografia, o controle de qualidade, a análise sequencial, a análise de séries temporais, etc.

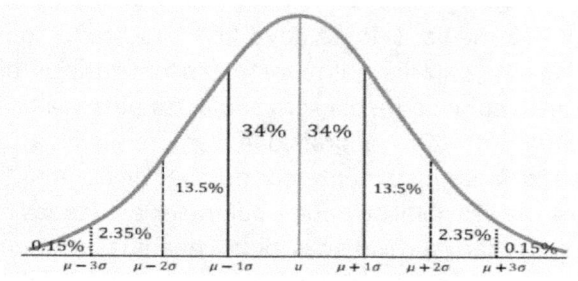

A distribuição normal - Curva gaussiana

Panorama da Matemática

Revisão 10

10A) Numa urna há 3 bolas vermelhas (V), 2 bolas brancas (B), 4 bolas roxas (R) e 5 bolas azuis (A). Em duas retiradas seguidas sem reposição, calcular a probabilidade de a segunda bola ser da cor definida abaixo, sabendo que a primeira bola foi vermelha (V).
a) azul
Solução:
P(A∩V)=P(V)*P(A|V)=(3/14)*(5/13)=15/182
b) branca c) roxa d) vermelha

10B) Uma variável aleatória X tem valores 2, 4, 3, 5, 6. Calcular a esperança matemática de X sabendo que as probabilidades respectivas são as dadas abaixo.
a) 1/2, 1/4, 3/4, 1/3, 2/3.
Solução:
E(X)=2*1/2+4*1/4+3*3/4+5*1/3+6*2/3=
=12/12+12/12+27/12+20/12+48/12=119/12.
b) 1/2+1/4+3/4+1/4+3/8   c) 1/8+1/4+1/2+1/4+5/8
d) 1/3+1/6+5/6+2/3+1/3

Cacildo Marques

Respostas da Revisão

1A) b) função, c) não função, d) função, e) função
1B) b) 2*5*7 c) 2*5*5 d) 3*5*5 e) 2*3*11
2A) b) 10° c) 15° d) 30°
2B) b) Não   c) É triângulo   d) Não
2C) b) 14 cm c) 28 cm d) 19,6 cm
2D) b) 60°, 120°   c) 10°, 20°   d) 52°, 104°
3A) b) 2, 9, 16, 23 c) 1, 11, 21, 31   d) 2, 6, 10, 14
3B) b) S={-½, ½, 2} c) S={§-V3, -1, V3} d) S={-3, ½, 1}
4A) b) 12/13, 5/13, 12/5 c) 4/5, 3/5, 4/3 d) V39/8, 5/8, V39/5
4B) b) 7/8, 8/7 c) √21/5, 5√21/21 d) √91/10, 10√91/91
4C) b) 4   c) 1/2   d) 3
4D) b) -4,7695   c) 5,5911   d) -1,9586
4E)   b) $(x-3)^2+(y+1)^2=25$, $x+3y=0$ c) $(x-4)^2+(y+2)^2=9$, $x-2y=0$
   d) $(x+1)^2+(y-3)^2=7$, $3x+y=0$.
5A) b) 1 c) -5 d) 8/3
5B) b) δ=12E c) δ=E/2 d) δ=2E.
5C) b) f'(x)=14x-8   c) f'(x)=6x   d) f'(x)=12x^3-10x+6
5D) b) 23/4 c) 148/3 d) 21/2
6A) b) 11   c) 14   d) 4
7A)   b)   11111   c)   10100   d)   10000
    7B) b) 4 c) 5 d) 1.5
7B) b) 4 c) 5 d) 1.5
8A) b) -1   c) -4   d) -2
9A) b) F c) V d) V
10A) b) 3/91   c) 6/91   d) 3/91
10B) b) 31/4   c) 31/4   d) 55/6

Referências:

BOOLE, G. The mathematical analysis of logic. Oxford: Philosophical Library, 1848.

BOYER, C. B. A history of mathematics. New York, London, Sydney: John Wiley & Sons, Inc, 1968.

BRONSHTEIN, I. e SEMENDIAEV, K. Manual de Matemáticas para ingenieros y estudiantes (2nd ed.). (Traducción: Inés Harding Rojas). Moscow, Mir, 1973.

COURANT, Richard e ROBBINS, Herbert. What is Mathematics?: An Elementary Approach to Ideas and Methods. London: Oxford University Press, 1941.

EUCLID. The Elements: Books I–XIII – Complete and Unabridged, Translated by Sir Thomas Heath, Barnes & Noble, 2006.

HALMOS, Paul. Naive Set Theory. Princeton, NJ: D. Van Nostrand Company, 1960

HOFFMAN, K. e R. KUNZE R. Linear Algebra (2nd ed.). Prentice-Hall, Englewood Cliffs, NJ, 1971.

KOLMOGOROV, Andrey. Foundations of the theory of probability. New York, US: Chelsea Publishing Company, 1950 [1933].

LANG, Serge. Algebra / Serge Lang (3rd ed.). Massachusetts: Addison Wesley, 1995.

MARQUES, Cacildo. (2018). Aritmofobia: como curar o horror da

Cacildo Marques

Matemática, Episteme, 2018.

MOISE, Edwin E. Calculus (2nd ed.). Reading, MA: Addison-Wesley, 1972 [1967].

POLYA, G. How to solve it; a new aspect of mathematical method. Princeton University Press, 1945.

RITCHIE, D. M. e KERNINGHAN, B. W. The C programming language, Prentice Hall, Englewood Cliffs, New Jersey, 1978.

RUSSELL, Bertrand Introduction to Mathematical Philosophy, George Allen & Unwin, 1919.

SETZER, V. W. A matemática pode ser interessante... e linda! Sao Paulo, Blucher, 2020.

TAHAN, Malba. O Homem que Calculava. Rio de Janeiro, Record, 2010.

ELLIOT, W. W. e MILES, Edward R. C. College Mathematics: A first course (2nd ed.). Prentice-Hall, Englewood Cliffs, NJ, 1951 [1940].

www.ingramcontent.com/pod-product-compliance
Lightning Source LLC
Chambersburg PA
CBHW070145230526
45471CB00002B/532